石油工人技术问答系列丛书

井下作业井控技术问答

王书红 张发展 徐大宁 编

石油工业出版社

内 容 提 要

本书采用灵活的问答形式,结合企业现场培训实践,介绍井下作业井控技术、井下作业井控设备、HSE 管理与硫化氢防护技术等,内容丰富,实用性强。

本书适用于油田员工的培训,也可作为相关员工的自学用书。

图书在版编目(CIP)数据

井下作业井控技术问答/王书红,张发展,徐大宁编.
北京:石油工业出版社,2012.8
(石油工人技术问答系列丛书)
ISBN 978-7-5021-9177-1

Ⅰ.井…
Ⅱ.①王…②张…③徐…
Ⅲ.井下作业-井控-问题解答
Ⅳ.TE358-44

中国版本图书馆 CIP 数据核字(2012)第 161271 号

出版发行:石油工业出版社
   (北京安定门外安华里 2 区 1 号 100011)
  网 址:http://pip.cnpc.com.cn
  编辑部:(010)64523582 发行部:(010)64523620
经 销:全国新华书店
印 刷:北京中石油彩色印刷有限责任公司

2012 年 8 月第 1 版 2012 年 8 月第 1 次印刷
787×1092 毫米 开本:1/32 印张:5.375
字数:116 千字

定价:15.00 元
(如出现印装质量问题,我社发行部负责调换)
版权所有,翻印必究

出版者的话

技术问答是石油石化企业常用的培训方式——在油田，由于石油天然气作业场所分散，人员难以集中考核培训，技术问答可以克服时间和空间的限制，随时考核员工知识掌握程度；在石化企业，每个装置的操作间都设置了技术问答卡片，这已成为企业日常管理、日常培训的一部分；此外，技术问答也是基层企业岗位练兵的主要训练方式。

技术问答之所以成为企业常用的培训方式，它的优点是显而易见的。第一，技术问答把员工应知应会知识提纲挈领地提炼出来，可以有助于员工尽快掌握岗位知识；第二，技术问答形式简明扼要，便于员工自学；第三，技术问答便于管理者对基层员工进行培训和考核。但我们也注意到，目前，基层企业自己编写的技术问答还有很多的局限性，主要表现在工种覆盖不全面、内容的准确性权威性不够等方面。针对这一情况，我们经过广泛调研，精心策划，组织了一批技术水平高超、实践经验丰富的作者队伍，编写了这套《石油工人技术问答系列丛书》，目的就在于为基层企业提供一些好用、实用、管用的培训教材，为企业基层培训工作提供优质的出版服务，继而为集团公司三支人才队伍建设贡献绵薄之力。

衷心希望广大员工能够从本书中受益，并对我们提出宝贵意见和建议。

石油工业出版社

前　言

20世纪60年代以来，我国各大油田普遍采用技术问答的形式来提高石油工人的职业技能水平。在一问一答中，工人可以迅速掌握岗位基本理论和技能。通过这种喜闻乐见的形式，既培养了工人的学习兴趣，又提高了他们的工作热情。

随着经济的发展，科学技术不断进步，石油技术也发生了日新月异的变化。为了顺应技术发展的大方向，帮助油田工人尽早熟悉最新的钻井技术，传承并发扬石油工人勤奋好学、与时俱进的光荣传统，我们编写了《井下作业井控技术问答》一书，以期与石油同仁共同学习、共同进步。

本书共分为三部分，分别介绍了井下作业井控技术、井下作业井控设备、HSE管理与硫化氢防护技术的相关知识。

由于编者水平有限，书中难免会有不足之处，敬请有关专家、学者以及同仁指正，以便今后不断修改完善。

编者
2012.2

目　　录

第一部分　井下作业井控技术 ································· 1
1. 什么是井控？做好井控工作有什么意义？ ················· 1
2. 井控作业分为哪三次？ ······························ 1
3. 什么是井侵？ ····································· 2
4. 什么是溢流？ ····································· 2
5. 什么是井涌？ ····································· 2
6. 什么是井喷？ ····································· 2
7. 什么是井喷失控？ ·································· 2
8. 井喷失控会带来哪些危害？ ··························· 2
9. 井喷失控的主要原因有哪些？ ························· 3
10. 如何做好井控工作？ ······························· 3
11. 什么是"三高"油气井？ ····························· 3
12. 什么是高压油气井？ ······························· 3
13. 什么是高含硫油气井？ ····························· 3
14. 什么是高危地区油气井？ ···························· 4
15. 对现场井下作业井控工作有什么要求？ ··················· 4
16. 井下作业井控与钻井井控有什么区别？ ··················· 4
17. 地质设计应提供哪些资料？ ··························· 5
18. 工程设计应提供哪些资料？ ··························· 5
19. 井控设计的内容有哪些？ ···························· 5
20. 什么是压力？ ···································· 5
21. 压力的单位是什么？ ······························· 6
22. 什么是静液柱压力？ ······························· 6
23. 什么是当量流体密度？ ····························· 6
24. 什么是压力梯度？ ································· 6
25. 什么是地层压力？ ································· 7

26. 压力的表示方法有哪几种? ……………………………………… 7
27. 什么是压力系数? ………………………………………………… 7
28. 地层压力分为哪几类? …………………………………………… 7
29. 什么是上覆岩层压力? …………………………………………… 8
30. 什么是地层破裂压力? …………………………………………… 8
31. 什么是井底压力? ………………………………………………… 8
32. 什么是泵压、油压和套压? ……………………………………… 8
33. 何谓井底压差? …………………………………………………… 8
34. 什么是抽汲压力? ………………………………………………… 9
35. 什么是激动压力? ………………………………………………… 9
36. 影响抽汲压力和激动压力的因素有哪些? ……………………… 9
37. 井底压力由哪几部分组成? ……………………………………… 9
38. 分析各种工况下的井底压力。 …………………………………… 9
39. 哪一种工况下最易发生井涌? …………………………………… 10
40. 发生溢流应具备什么条件? ……………………………………… 10
41. 溢流的常见原因有哪些? ………………………………………… 10
42. 对预防溢流有何要求? …………………………………………… 10
43. 为了减少由于起管柱时修井液未灌满而造成的溢流,
    应做到哪几点? …………………………………………………… 10
44. 起管柱时减小抽汲作用的原则有哪些? ………………………… 11
45. 防止由于修井液密度不够引起溢流的做法是什么? …………… 11
46. 防止循环漏失的一般做法是什么? ……………………………… 11
47. 天然气侵入井内的方式有哪些? ………………………………… 11
48. 循环中溢流的显示有哪些? ……………………………………… 11
49. 起下油管时如何发现溢流? ……………………………………… 12
50. 压井过程中如何发现溢流? ……………………………………… 12
51. 射孔后的溢流显示有哪些? ……………………………………… 12
52. 溢流关井有什么优点? …………………………………………… 12
53. 什么是软关井? 有何优缺点? …………………………………… 12
54. 什么是硬关井? 有何优缺点? …………………………………… 13
55. 简述无钻台旋转作业(钻磨套铣)时发生溢流
    关井操作程序。 …………………………………………………… 13

56. 简述无钻台起下管柱时发生溢流关井操作程序。 ………… 14
57. 简述无钻台起下大直径工具（封隔器或钻铤等）
    时发生溢流关井操作程序。 ……………………………… 14
58. 简述无钻台空井发生溢流时关井操作程序。 …………… 14
59. 简述有钻台旋转作业（钻磨套铣）中发生溢流时
    关井操作程序。 …………………………………………… 15
60. 简述有钻台起下钻杆（油管）中发生溢流时
    关井操作程序。 …………………………………………… 15
61. 简述有钻台起下大直径工具（封隔器或钻铤等）时
    发生溢流关井操作程序。 ………………………………… 16
62. 简述有钻台空井发生溢流时关井操作程序。 …………… 16
63. 关井时应注意哪些问题？ ………………………………… 16
64. 什么是最大允许关井套管压力？如何确定最大允许
    关井套管压力？ …………………………………………… 17
65. 井口压力的控制方法有哪些？ …………………………… 17
66. 天然气上升到井口的处理方法是什么？ ………………… 17
67. 什么是圈闭压力？产生圈闭压力的原因是什么？ ……… 18
68. 对井下作业队施工前的准备工作有什么要求？ ………… 18
69. 井下作业施工过程中井控装置由哪些部分组成？ ……… 18
70. 简述洗井施工中防喷的具体做法和要求。 ……………… 19
71. 简述起下作业中防喷的具体做法和要求。 ……………… 19
72. 起下油管时应录取哪些数据？ …………………………… 20
73. 简述不压井、不放喷作业过程中防喷的具体做法和要求。 … 20
74. 简述冲砂施工中防喷的具体做法和要求。 ……………… 21
75. 冲砂施工应录取哪些数据？ ……………………………… 21
76. 简述打捞施工过程中防喷的具体做法和要求。 ………… 21
77. 简述投、捞油管堵塞器防喷的具体做法和要求。 ……… 22
78. 打捞施工应录取哪些数据？ ……………………………… 22
79. 射（补）孔前要做好哪些防喷准备工作？ ……………… 22
80. 简述常规电缆射孔的防喷要求。 ………………………… 23
81. 简述油管射孔、过油管射孔的防喷要求。 ……………… 23
82. 简述诱喷施工中的防喷要求。 …………………………… 24

83. 诱喷作业的方法有哪些? ……………………………… 24
84. 简述油水井大修施工中的防喷措施。 …………………… 24
85. 简述钻磨施工中的防喷要求。 …………………………… 24
86. 简述复杂打捞施工中的防喷要求。 ……………………… 25
87. 简述放喷、测试施工的防喷要求。 ……………………… 25
88. 简述压裂、酸化、化学堵水、防砂施工中的防喷措施。 …… 25
89. 简述试油、试气时的防喷措施。 ………………………… 26
90. 简述井控作业中易出现的错误做法。 …………………… 26
91. 简述抢险工作的组织及准备。 …………………………… 27
92. 简述井喷抢险过程中人身安全防护的措施。 …………… 27
93. 什么是压井? …………………………………………… 27
94. 简述压井作业保护油层的措施。 ………………………… 28
95. 压井液应具备哪些功能? ………………………………… 28
96. 选择压井液的原则是什么? ……………………………… 28
97. 压井液分为哪几类? ……………………………………… 29
98. 如何确定压井液密度? …………………………………… 29
99. 压井液密度安全附加值有哪两种?
    选择时应考虑哪些因素? ………………………………… 29
100. 常用的压井方法有哪些? ………………………………… 29
101. 选择压井方法需要考虑的因素有哪些? ………………… 29
102. 什么是灌注压井法? ……………………………………… 29
103. 在何种情况下采用灌注法压井? 有何特点? …………… 30
104. 什么是循环压井法? 适用于什么情况下? ……………… 30
105. 什么是反循环压井法? …………………………………… 30
106. 在何种情况下采用反循环压井法? 有何特点? ………… 30
107. 什么是正循环压井法? …………………………………… 30
108. 在何种情况下采用正循环压井法压井? 有何特点? …… 30
109. 什么是挤注压井法? 适用范围如何? 有何特点? ……… 31
110. 简述压井的安全技术要求。 ……………………………… 31
111. 井被压住有何显示? ……………………………………… 31
112. 压井应注意哪些事项? …………………………………… 32
113. 影响压井作业的主要因素有哪些? ……………………… 32

114. 导致压井失败的主要因素有哪些? ·················· 32
115. 压井作业应录取哪些资料? ······················ 32
116. 什么是井底常压法? ························· 33
117. 井底常压法压井的原理是什么? 有何优点? ············ 33
118. 什么是司钻法压井? 有何特点? ··················· 33
119. 什么是工程师法压井? 有何特点? ·················· 33
120. 在井底常压法压井中,若发生井涌关井油管压力
 为零时如何处理? ·························· 34
121. 在井底常压法压井中,若发生井涌关井油管压力
 不为零时应如何处理? ······················· 34
122. 简述气井和高压、高气油比井正循环法压井的作业程序。··· 35
123. 简述气井和高压、高气油比井挤注法压井的特点
 及作业程序。···························· 35
124. 什么是反循环正挤法? ······················· 35
125. 什么是体积控制法? ························ 35

第二部分 井下作业井控设备 ···················· 36
126. 什么是井控设备? ·························· 36
127. 井控设备有哪些功用? ······················· 36
128. 井下作业井控设备由哪几部分组成? ················ 36
129. 为保障井下作业的安全,防喷器必须满足哪些要求? ······ 37
130. 液压防喷器的型号是怎么命名的? ················· 37
131. 解释下列防喷器型号的含义:FZ18-21、2FZ18-35、
 FH18-35。····························· 37
132. 防喷器的两大技术指标分别是什么? ················ 38
133. 我国液压防喷器的最大工作压力共分为哪几级? ········· 38
134. 我国液压防喷器的公称通径分为几种?
 现场常用哪几种? ·························· 38
135. 油气井口所装的部件有哪些? ···················· 38
136. 选用井控装置应包括哪些内容? ··················· 39
137. 防喷器的类型如何选择? ······················ 39
138. 防喷器的数量如何选择? ······················ 39
139. 井控装置如何选用? ························· 39

140. 防喷器及控制装置的使用有何要求? ……………………………… 40
141. 防喷器组的检查要点有哪些? …………………………………… 40
142. 对防喷管汇及放喷管线的检查有哪些要点? …………………… 40
143. 对节流、压井管汇的检查有哪些要点? ………………………… 40
144. 对液气分离器的检查有哪些要点? ……………………………… 41
145. 对采油树的保养与应用有何要求? ……………………………… 41
146. 防喷器强制报废的通用条件有哪些? …………………………… 41
147. 环形防喷器强制报废的条件有哪些? …………………………… 42
148. 闸板防喷器强制报废的条件有哪些? …………………………… 42
149. 防喷器控制装置强制报废的条件有哪些? ……………………… 42
150. 井控管汇总成强制报废的条件有哪些? ………………………… 43
151. 井控管汇中主要部件强制报废的条件有哪些? ………………… 43
152. 闸板防喷器根据所能配置的闸板数量可分为哪几类? ………… 44
153. 手动闸板防喷器的型号是怎样命名的? ………………………… 44
154. 手动闸板防喷器有哪些部分组成? ……………………………… 44
155. 简述手动闸板防喷器开关井动作原理。 ………………………… 44
156. 简述手动闸板防喷器井压密封原理。 …………………………… 45
157. 手动闸板防喷器使用前应做好哪些检查工作? ………………… 45
158. 什么是"三懂四会"? …………………………………………… 45
159. 简述手动单闸板防喷器的拆卸程序。 …………………………… 46
160. 闸板防喷器的维护与保养有何要求? …………………………… 46
161. 液压闸板防喷器有什么功用? …………………………………… 46
162. 简述液压闸板防喷器的结构由哪些部分组成? ………………… 47
163. 液压闸板防喷器的结构按侧门开关方式的不同
    可分为哪两种形式? …………………………………………… 47
164. 简述旋转侧门式单液压闸板防喷器的结构。 …………………… 47
165. 简述直线运动侧门式液压闸板防喷器的结构。 ………………… 48
166. 闸板的结构由哪几部分组成? 如何分类? ……………………… 49
167. 简述液压闸板防喷器的工作原理。 ……………………………… 50
168. 闸板防喷器必须保持哪几处密封才能处于全封闭状态? ……… 51
169. 活塞杆的一次密封有何特点? …………………………………… 51
170. 二次密封装置由哪些部分组成? ………………………………… 52

171. 闸板防喷器在关井工况，观察孔有流体溢出，说明何处发生了故障？应如何处理？ …… 52
172. 闸板防喷器的活塞杆二次密封装置在使用时应注意哪些问题？ …… 53
173. 什么是闸板防喷器的井压助封？ …… 53
174. 闸板浮动有什么特点？ …… 53
175. 简述闸板防喷器旋转式侧门拆换闸板的操作顺序。 …… 54
176. 闸板防喷器旋转式侧门开关应注意哪些事项？ …… 54
177. 简述闸板防喷器直线运动式侧门拆换闸板的操作顺序。 …… 54
178. 液压闸板防喷器的锁紧装置有哪两种形式？ …… 55
179. 闸板防喷器的手动机械锁紧装置有什么作用？ …… 55
180. 手动机械锁紧装置由哪些部分组成？ …… 55
181. 简述闸板防喷器手动锁紧与手动解锁的动作要领。 …… 55
182. 闸板防喷器手动锁紧与手动解锁动作时为什么最后手轮应回旋 1/4～1/2 圈？ …… 56
183. 液压闸板防喷器在现场使用时怎样检查机械锁紧情况？ …… 56
184. 液压闸板防喷器液压关井操作步骤是怎样的？ …… 56
185. 液压闸板防喷器液压开井操作步骤是怎样的？ …… 56
186. 当液压失效，闸板防喷器采用手动关井时其操作步骤是怎样的？ …… 57
187. 闸板防喷器手动关井时，蓄能器装置上的换向阀应处于什么工位？为什么？ …… 57
188. 闸板防喷器能否用于长期关井作业？为什么？ …… 57
189. 液压闸板防喷器使用前的准备工作有哪些？ …… 57
190. 液压闸板防喷器使用应注意哪些事项？ …… 58
191. 配装有环形防喷器的井口防喷器组，在发生井喷紧急关井时操作顺序是怎样的？ …… 59
192. 简述旋转式侧门液压闸板防喷器闸板及闸板密封胶芯的更换步骤。 …… 59
193. 旋转式侧门液压闸板防喷器液缸拆卸后应检查哪些部位？ …… 59
194. 旋转式侧门液压闸板防喷器液缸总成安装应注意哪些事项？ …… 60

195. 简述直线运动式侧门液压闸板防喷器闸板密封胶芯的更换步骤。 …………………………… 60
196. 直线运动式侧门液压闸板防喷器液缸拆卸后应检查哪些部位? …………………………… 61
197. 直线运动式侧门液压闸板防喷器液缸总成安装应注意哪些事项? …………………………… 61
198. 简述井内介质从壳体与侧门连接处流出的故障产生原因及处理办法。 …………………………… 62
199. 简述闸板移动方向与控制台铭牌标志不符的故障产生原因及处理办法。 …………………………… 62
200. 简述液控系统正常,但闸板关不到位的故障产生原因及处理办法。 …………………………… 62
201. 简述井内介质窜到油缸内的故障产生原因及处理办法。 …… 62
202. 简述防喷器液动部分稳不住压、侧门开关不灵活的故障产生原因及处理办法。 …………………………… 62
203. 简述侧盖铰链连接处漏油的故障产生原因及处理办法。 … 63
204. 简述闸板关闭后封不住压的故障产生原因及处理办法。 … 63
205. 简述控制油路正常,用液压打不开闸板或侧门的故障产生原因及处理办法。 …………………………… 63
206. 简述防喷器密封橡胶件的存放条件。 …………………… 63
207. 环形防喷器有什么功用? …………………………………… 63
208. 环形防喷器按胶芯形状的不同可分为哪几类? ………… 64
209. 简述锥形胶芯环形防喷器的结构。 ……………………… 64
210. 简述锥形胶芯环形防喷器的工作原理。 ………………… 65
211. 简述锥形胶芯环形防喷器胶芯的特点。 ………………… 65
212. 环形防喷器的井压助封是怎么回事? 能单纯靠井压封井吗? 65
213. 锥形胶芯环形防喷器在现场更换胶芯的方法有哪些? … 66
214. 简述球形胶芯环形防喷器的结构。 ……………………… 66
215. 简述球形胶芯环形防喷器的工作原理。 ………………… 67
216. 简述球形胶芯环形防喷器胶芯的特点。 ………………… 67
217. 什么是球形胶芯环形防喷器的漏斗效应? ……………… 67
218. 什么是球形胶芯环形防喷器的井压助封? ……………… 67

219. 球形胶芯环形防喷器和锥形胶芯环形防喷器在外形上有什么不同? ……………………………………………… 67
220. 环形防喷器为什么不能用于长期关井? …………………… 68
221. 如果闸板防喷器整体颠倒安装能否有效密封? 为什么? …… 68
222. 简述环形防喷器封闭不严的原因及处理方法。……………… 68
223. 简述环形防喷器关闭后打不开的原因及处理方法。………… 68
224. 简述环形防喷器开关不灵活的原因及处理方法。…………… 69
225. 简述环形防喷器在使用中应注意哪些事项? ………………… 69
226. 井下作业井控装备中,环形防喷器需配备哪些设施? ……… 70
227. 简述强行起下管柱的操作程序。……………………………… 70
228. 简述球形胶芯的更换步骤。…………………………………… 70
229. 简述防尘圈与活塞的拆卸步骤。……………………………… 70
230. 简述球形胶芯及锥形胶芯螺栓连接环形防喷器的装配步骤。………………………………………………………… 71
231. 简述锥形胶芯爪块连接环形防喷器的拆卸步骤。…………… 71
232. 简述锥形胶芯爪块连接环形防喷器的装配步骤。…………… 72
233. 旋转防喷器的型号是怎么命名的? …………………………… 72
234. 简述旋转防喷器的结构组成。………………………………… 72
235. 简述旋转防喷器的工作原理。………………………………… 73
236. 简述旋转防喷器的安装方法。………………………………… 74
237. 简述旋转防喷器下钻作业的操作。…………………………… 74
238. 简述旋转防喷器旋转作业的操作。…………………………… 74
239. 简述旋转防喷器起钻作业的操作。…………………………… 75
240. 简述旋转防喷器更换胶芯的操作。…………………………… 75
241. 旋转防喷器使用应注意哪些事项? …………………………… 75
242. 旋转防喷器的日常维护保养内容有哪些? …………………… 76
243. 简述旋转防喷器检修时的拆卸步骤。………………………… 76
244. 控制装置有什么作用? ………………………………………… 77
245. 控制装置由哪些部分组成? …………………………………… 77
246. 远程控制台由哪些部分组成? ………………………………… 77
247. 什么是遥控装置? ……………………………………………… 78
248. 什么是辅助遥控装置? ………………………………………… 78

249. 氮气备用系统有何作用? …… 78
250. 压力补偿装置有何作用? …… 78
251. 控制装置有哪些类型？常用的是哪一种? …… 78
252. 什么是液控液型控制装置? …… 78
253. 什么是气控液型控制装置? …… 79
254. 什么是电控液型控制装置? …… 79
255. 防喷器控制装置的型号是如何命名的? …… 79
256. 解释控制装置FK2403型号的含义。 …… 79
257. 井口防喷器开关动作，何时在遥控装置上操作？何时在远程控制台上操作? …… 79
258. 简述液压能源的制备、储存与补充原理。 …… 80
259. 简述压力油的调节与其流动方向的控制原理。 …… 80
260. 压力控制器的上限和下限调定压力各是多少？如何控制？ …… 81
261. 远程控制台上泵组，什么时候使用电泵工作？什么时候使用气泵工作? …… 82
262. 闸板防喷器关井动作时，正常压力油推不动闸板，怎么办? …… 82
263. 气控液型控制装置，其遥控装置上的气源总阀与空气换向阀的手柄为什么都设计有弹簧自动复位机构? …… 82
264. 气控液型控制装置，其遥控装置上只需装设空气换向阀即可实施遥控，为什么还要加设气源总阀? …… 82
265. 蓄能器有什么作用? …… 83
266. 简述蓄能器钢瓶的结构组成。 …… 83
267. 简述蓄能器的工作原理。 …… 83
268. 简述蓄能器钢瓶的主要技术规范。 …… 83
269. 蓄能器钢瓶现场使用应注意哪些事项? …… 84
270. 电泵有什么作用? …… 84
271. 电泵的结构由哪些部分组成? …… 84
272. 简述电泵的工作原理。 …… 84
273. 电泵现场使用应注意哪些事项? …… 85
274. 气泵有什么作用? …… 85
275. 气泵的结构由哪些部分组成? …… 86

276. 为什么汽缸与油缸内腔断面的面积比做得很大? ………… 86
277. 气泵现场使用应注意哪些事项? ……………………… 86
278. 油雾器使用应注意哪些事项? ……………………… 87
279. 三位四通转阀有什么作用? ………………………… 87
280. 三位四通转阀的结构由哪些部分组成? ……………… 87
281. 简述三位四通转阀的工作原理。 ……………………… 87
282. 三位四通转阀现场使用应注意哪些事项? …………… 88
283. 旁通阀有什么作用? ………………………………… 89
284. 减压阀有什么作用? ………………………………… 89
285. 按操作方式的不同减压阀如何分类? ………………… 89
286. 减压阀现场使用应注意哪些事项? …………………… 89
287. 安全阀有什么用途? ………………………………… 90
288. 安全阀的结构由哪些部分组成? ……………………… 90
289. 简述安全阀的工作原理。 ……………………………… 91
290. 如何调节安全阀开启的油压值? ……………………… 91
291. 安全阀现场使用应注意哪些事项? …………………… 91
292. 单向阀有什么用途? ………………………………… 91
293. 单向阀的结构由哪些部分组成? ……………………… 91
294. 压力控制器有什么用途? …………………………… 91
295. 压力控制器由哪几个部分组成? ……………………… 92
296. 简述压力控制器工作原理。 …………………………… 93
297. 液气开关有什么用途? ……………………………… 93
298. 气动压力变送器有什么作用? ………………………… 93
299. 简述远程控制装置与遥控装置两表示压值相差悬殊的故障原因与处理方法。 …………………………… 93
300. 简述远程控制装置油压表的示压值为零但遥控装置示压表显示值却很高的故障原因与处理方法。 ………… 93
301. 启动卸荷阀有什么功用? …………………………… 94
302. 控制装置的安装有什么要求? ………………………… 94
303. 远程控制装置空负荷运转的目的是什么? …………… 94
304. 远程控制装置空负荷运转前需做哪些准备工作? …… 94
305. 简述远程控制装置空负荷运转的操作步骤。 ………… 95

306. 远程控制装置带负荷运转的目的是什么? ……………………… 95
307. 简述远程控制装置带负荷运转的操作步骤。 ………………… 95
308. 控制装置处于"待命"工况时,其油压表、气压表压力值应是多少? …………………………………………………………… 96
309. 简述电泵电动机不能启动的原因及处理方法。 ………………… 96
310. 简述电动油泵不能自动停止运转的原因及处理方法。 ………… 96
311. 简述控制装置运行时有噪声的原因及处理方法。 ……………… 96
312. 简述减压溢流阀出口压力太高的原因及处理方法。 …………… 96
313. 简述在司控台上不能开、关防喷器或相应动作不一致的原因及处理方法。 ………………………………………………… 97
314. 简述蓄能器充油升压后油压不稳或压力表不断降压的原因及处理方法。 …………………………………………………… 97
315. 节流管汇型号是如何命名的? ………………………………… 97
316. 压井管汇型号是如何命名的? ………………………………… 98
317. 节流管汇有什么功用? ………………………………………… 98
318. 压井管汇有什么功用? ………………………………………… 98
319. 节流压井管汇安装有什么要求? ……………………………… 99
320. 节流压井管汇的主要技术参数有哪些? ……………………… 99
321. 节流压井管汇的最大工作压力分哪几级? …………………… 99
322. 什么是管汇的通径? …………………………………………… 99
323. 管汇的通径如何选择? ………………………………………… 99
324. 手动平板阀结构由哪些部分组成? …………………………… 100
325. 简述手动平板阀的工作原理。 ………………………………… 100
326. 简述手动平板阀的操作要领。 ………………………………… 101
327. 手动平板阀在关闭操作时为什么最后要回旋手轮 $1/4 \sim 1/2$ 圈? …………………………………………………… 101
328. 手动平板阀能否作为节流阀使用? …………………………… 101
329. 手动平板阀在使用中应注意哪些事项? ……………………… 101
330. 液动平板阀与手动平板阀的结构、工作原理有何不同? …… 102
331. 节流阀有什么功用? …………………………………………… 102
332. 节流阀根据阀芯结构的不同可分为哪几类? ………………… 102
333. 筒式节流阀能真正关闭密封而不断流吗? …………………… 102

334. 简述节流阀的操作原理。 …………………………………… 103
335. 手动筒式节流阀和液动筒式节流阀的结构、
    工作原理有何不同? ………………………………………… 103
336. 节流管汇液控箱有哪些阀件和仪表? ……………………… 103
337. 液控箱上装设的三位四通换向阀起什么作用? …………… 104
338. 液控箱上装设的阀位开启度表有什么功用? ……………… 104
339. 液控箱上装设的调速阀有什么功用? ……………………… 104
340. 怎样操作液控箱实施压井作业? …………………………… 104
341. 节流压井管汇保养与使用有哪些要求? …………………… 104
342. 节流压井管汇出厂前的试压有什么要求? ………………… 105
343. 节流压井管汇现场试验有什么要求? ……………………… 105
344. 管柱内防喷工具有哪些?其作用是什么? ………………… 105
345. 油管旋塞阀的结构由哪些部分组成? ……………………… 105
346. 简述油管旋塞阀的工作原理。 ……………………………… 105
347. 油管旋塞阀的安装使用有什么要求? ……………………… 106
348. 油管旋塞阀的维护保养有什么要求? ……………………… 107
349. 简述方钻杆旋塞的工作原理。 ……………………………… 107
350. 方钻杆旋塞使用时如何进行操作? ………………………… 107
351. $2^7/_8$in×5000psi 油管旋塞阀的强度试验标准是什么? ……… 107
352. $2^7/_8$in×5000psi 油管旋塞阀的密封性能试验标准是什么? … 107
353. 防喷器低压密封试验的标准是什么? ……………………… 108
354. 防喷器高压密封试验的标准是什么? ……………………… 108
355. 防喷器手动关闭闸板密封性能试验的标准是什么? ……… 108
356. 防喷器试压应注意哪些事项? ……………………………… 108
357. 防喷器试压有哪些试压装置? ……………………………… 108
358. 简述试压气动泵的工作原理及主要特点。 ………………… 108
359. 使用试压气动泵应注意哪些事项? ………………………… 109
360. 简述试压电动泵的工作原理及主要特点。 ………………… 109
361. 使用试压电动泵应注意哪些事项? ………………………… 109
362. 简易防喷工具由哪些部件组成? …………………………… 109
363. 对于法兰盘式悬挂器的井口,发生溢流时如何处理? …… 110
364. 对于顶丝法兰盘悬挂器的井口,发生溢流时如何处理? …… 111

365. 完井井口装置分为哪三部分? ……………………………… 111
366. 完井井口装置有什么作用? ……………………………… 111
367. 完井井口装置有哪些连接方式? ………………………… 111
368. 井口装置最大工作压力如何确定? ……………………… 111
369. 采油(气)树符号如何命名? …………………………… 111
370. 采油(气)树由哪些部分组成? ………………………… 112
371. 采油(气)树有什么作用? ……………………………… 112
372. 采油树的安装应考虑哪些因素? ………………………… 112
373. 怎样检验采油树? ………………………………………… 113
374. 采油树试压有什么标准? ………………………………… 113
375. 什么是油管头? …………………………………………… 113
376. 油管头有什么作用? ……………………………………… 113
377. 什么是套管头? …………………………………………… 113
378. 套管头有什么功能? ……………………………………… 113
379. 套管头应满足哪些要求? ………………………………… 114
380. 常见的套管头有哪些类型? 结构由哪几部分组成? …… 114
381. 悬挂器总成有什么作用? ………………………………… 114
382. 井口所用的闸阀有哪些形式? …………………………… 115
383. 套管头型号是怎样表示的? ……………………………… 115
384. 自封封井器有什么作用? ………………………………… 116
385. 自封封井器的结构由哪些部分组成? …………………… 116
386. 自封封井器的工作原理是怎样的? ……………………… 116
387. 自封封井器有哪些技术规范? …………………………… 117
388. 怎样安装自封封井器? …………………………………… 117
389. 自封封井器使用有何要求? ……………………………… 118
390. 自封封井器自封芯子翻背如何处理? …………………… 118
391. 自封封井器漏、刺如何处理? …………………………… 118
392. 新型简易自封装置有什么作用? ………………………… 118
393. 新型简易自封装置的结构由哪些部分组成?
     工作原理是怎样的? …………………………………… 118

第三部分　HSE 管理与硫化氢防护技术 ……………………… 120
394. 什么是 HSE 管理体系? …………………………………… 120

395. 实施 HSE 管理有什么意义? … 120
396. HSE 管理体系有什么特点? … 120
397. 世界 HSE 有什么发展趋势? … 120
398. 简述我国 HSE 的发展趋势。 … 121
399. 简述我国推行 HSE 管理的必要性。 … 121
400. 我国实施 HSE 管理有什么制约因素? … 121
401. 实施 HSE 管理有什么益处? … 121
402. 领导在 HSE 管理中有什么作用? … 122
403. HSE 意识是什么? … 122
404. HSE 理念是什么? … 122
405. HSE 管理体系与过去的管理体制有什么关系? … 122
406. 企业管理运行过程分为哪四个阶段? … 123
407. HSE 管理体系由哪些要素组成? … 123
408. 什么是 HSE 管理体系的表述? … 123
409. 什么是 HSE 管理体系的运行? … 123
410. 什么是安全? … 123
411. 什么是危险? … 124
412. 什么是危险源? … 124
413. 什么是危害因素? … 124
414. 什么是风险评价? … 124
415. 风险评价的目的是什么? … 124
416. 风险评价要遵循哪些原则? … 125
417. 风险评价的限制因素有哪些? … 125
418. 国际上常用风险评价方法有哪些? … 126
419. 风险评价的发展有哪些阶段? … 126
420. 业主关注员工的健康主要表现在哪些方面? … 126
421. 什么是劳动保护? … 127
422. 劳动保护工作有哪几个方面的任务? … 127
423. 识别劳保用品的方法是什么? … 127
424. 什么是作业许可管理? … 127
425. 作业许可管理的目的是什么? … 127
426. 作业许可管理包括哪些内容? … 127

427. 许可作业有哪些关键环节? ……………………………… 128
428. 安全警示标志有哪些类型? ……………………………… 128
429. 安全警示标志设置有什么要求? ………………………… 128
430. 对井场危险区域划分的基本依据是什么? ……………… 128
431. 危险区域分类的基本原则是什么? ……………………… 128
432. 什么是受限空间作业? …………………………………… 128
433. 进入受限空间作业的程序是什么? ……………………… 128
434. 造成环境污染的主要因素有哪些? ……………………… 129
435. 什么是"两书一表"? ……………………………………… 129
436. HSE 作业计划书有哪些基本内容? ……………………… 129
437. HSE 作业指导书有什么基本要求? ……………………… 129
438. HSE 作业指导书有哪些基本内容? ……………………… 130
439. HSE 作业指导书与 HSE 作业计划书有什么关系? …… 130
440. 油气井硫化氢气体有哪些来源? ………………………… 131
441. 硫化氢浓度表示方法有哪两种? 如何进行单位换算? … 131
442. 什么叫阈限值? 硫化氢的阈限值是多少? ……………… 131
443. 什么是安全临界浓度? 硫化氢的安全临界浓度是多少? … 131
444. 什么是危险临界浓度? 硫化氢的危险临界浓度是多少? … 131
445. 硫化氢有哪些物理化学性质? …………………………… 132
446. 硫化氢对人体的哪些部位会产生伤害? ………………… 132
447. 发现硫化氢泄漏能否用水和油浸湿的毛巾阻止硫化氢
  进入人体? ………………………………………………… 132
448. 硫化氢侵入人体的途径有哪些? ………………………… 132
449. 硫化氢对人体有哪些危害? ……………………………… 133
450. 硫化氢对金属材料的腐蚀形式有哪些? ………………… 133
451. 什么是氢脆? 氢脆会造成哪些破坏? …………………… 133
452. 什么是失重腐蚀? 失重腐蚀会造成哪些破坏? ………… 133
453. 硫化物应力腐蚀破裂有哪些特征? ……………………… 133
454. 影响硫化氢腐蚀的主要因素有哪些? …………………… 134
455. 现场施工的硫化氢防腐方法是什么? …………………… 134
456. 硫化氢对非金属材料有哪些危害? ……………………… 135
457. 硫化氢对现场施工有哪些污染? ………………………… 135

458. 含硫化氢气体井的井场布置有何要求? ………… 135
459. 含硫化氢井井下作业如何进行安全操作? ………… 136
460. 含硫化氢井井控设备的安装有什么要求? ………… 137
461. 井控设备对材质有什么要求? ………… 138
462. 含硫油气田油、套管及管柱有哪些防腐蚀措施? ………… 138
463. 现场施工液体中的防腐剂有哪些? ………… 138
464. 常用的缓蚀剂有哪些? 有什么特点? ………… 138
465. 含硫油气田作业的人身防护及施工安全应注意哪些事项? … 139
466. 硫化氢防护演习对人员和时间有什么要求? ………… 139
467. 在硫化氢防护演习中, 当报警器发出警报时, 应采取哪些步骤? ………… 140
468. 硫化氢的检测方法有哪些? ………… 140
469. 硫化氢检测仪表有哪些? ………… 140
470. 固定式硫化氢监测仪有何优点? ………… 140
471. 携带式硫化氢监测仪有何优点? ………… 141
472. 常见的便携式硫化氢检测仪有哪些型号? ………… 141
473. ToxiRAE II Lite 型硫化氢检测仪有何特点? ………… 141
474. M40 型便携式多气体检测仪有何特点? ………… 141
475. 硫化氢监测仪使用前应对哪些主要参数进行测试? ………… 141
476. 对硫化氢监测仪的校验周期有何规定? ………… 141
477. 固定式硫化氢监测仪使用应注意哪些事项? ………… 142
478. 硫化氢监测仪报警浓度是怎样设置的? ………… 142
479. 常见的正压式空气呼吸器有哪些? ………… 142
480. PA94Plus 型正压式空气呼吸器有何使用特点? ………… 143
481. PA94Plus 型正压式空气呼吸器的结构主要由哪些部分组成? ………… 143
482. PA94Plus 型正压式空气呼吸器的工作原理是什么? ………… 143
483. 巴固 C900-SCBA 型正压式空气呼吸器有何使用特点? ………… 144
484. 巴固 C900-SCBA 型正压式空气呼吸器的工作原理是什么? ………… 144
485. 硫化氢对人体危害的原理是什么? ………… 144

486. 硫化氢中毒有哪些类型? ……………………………… 144
487. 什么是硫化氢急性中毒?有何症状? ………………… 144
488. 什么是硫化氢慢性中毒?有何症状? ………………… 145
489. 硫化氢中毒的一般护理知识有哪些? ………………… 145
490. 什么是硫化氢中毒的早期抢救? ……………………… 145
491. 硫化氢中毒早期抢救措施有哪些? …………………… 145
492. 硫化氢中毒的早期护理应注意哪些事项? …………… 146
493. 预防硫化氢中毒有哪些措施? ………………………… 146
494. 什么是心肺复苏技术? ………………………………… 147
495. 心搏骤停有什么严重后果? …………………………… 147
496. 心肺复苏成功率与开始心肺复苏的时间有何关系? … 147
497. 开放气道解除梗阻的方法有哪些? …………………… 148
498. 怎样判断中毒者心搏呼吸骤停? ……………………… 148
499. 怎样判断中毒者意识丧失? …………………………… 148

参考文献 …………………………………………………………… 149

第一部分　井下作业井控技术

1. 什么是井控？做好井控工作有什么意义？

答：井控，即井涌控制或压力控制，就是采取一定的方法控制住地层孔隙压力，基本上保持井内压力平衡，保证井下作业的顺利进行。

做好井控工作，既有利于保护油气层，又可以有效地防止井喷、井喷失控或着火事故的发生。

2. 井控作业分为哪三次？

答：根据井涌规模和采取的控制方法的不同，井控作业分为三次，即一次井控、二次井控和三次井控。

（1）一次井控就是采用适当的修井液密度来平衡地层孔隙压力，使液柱压力高于地层压力，达到安全施工。

（2）二次井控是指仅靠井内修井液液柱压力不能控制地层压力，地层流体侵入井内，出现溢流、井涌，这时候要依靠地面设备和适当的井控技术来恢复井内压力平衡状态。

（3）三次井控是指井口装置失去对井内喷出流体的控制，发生了地面或地下井喷，这时候要采取特殊抢险作业重新恢复对井内压力的控制，使其达到一次井控状态。

一般地说，在井下作业时要力求使一口井始终处于一次井控状态。

3. 什么是井侵？

答：地层流体（油、气、水）侵入井内的现象，通常称为井侵。常见的井侵有油侵、气侵、水侵。

4. 什么是溢流？

答：当井侵发生后，井口返出的液量比泵入的液量多，停泵后井口修井液自动外溢，这种现象就称之为溢流。

5. 什么是井涌？

答：溢流进一步发展，修井液涌出井口的现象，称为井涌。

6. 什么是井喷？

答：井喷是指地层流体（油、气、水）无控制地进入井筒，使井筒内的修井液喷出地面的现象。井喷可分为地面井喷和地下井喷两种。

7. 什么是井喷失控？

答：井喷发生后，无法用常规方法控制井口而出现敞喷的现象称为井喷失控。它是井下作业中的恶性事故，一般会带来严重的后果，造成巨大的损失。

8. 井喷失控会带来哪些危害？

答：（1）井喷失控易引起失控着火、爆炸或喷出有毒气体而造成人员伤亡；

（2）井喷失控使油气无控制地喷出井口进入空中，造成环境污染；

（3）井喷失控还会严重伤害油气层、破坏地下油气资源；

（4）井喷失控使井下作业的井更加复杂化；

（5）井喷失控会打乱全面的正常工作秩序，影响全局生产；

(6) 井喷失控涉及面广，会在国际、国内造成不良的社会影响。

9．井喷失控的主要原因有哪些？

答：(1) 由于井控措施不当引起；

(2) 井控意识淡薄、思想麻痹；

(3) 由于测试原因造成井喷；

(4) 井控设备安装或试压不合格。

10．如何做好井控工作？

答：(1) 在思想上统一认识，高度重视，才能保证井控工作沿着正确的轨道，步调一致地健康发展；

(2) 系统地抓好五个环节的工作：思想重视、措施正确、严格管理、技术培训、装备配套；

(3) 要认真对待油层套管薄弱井的井控工作；

(4) 注意中、低压油气井的防喷工作；

(5) 井下作业井控工作是一项系统工程，油（气）田公司各相关单位必须高度重视，各项工作要有组织地协调进行；

(6) 严格执行有关规定和标准。

11．什么是"三高"油气井？

答：所谓"三高"油气井是指高压油气井、高含硫油气井、高危地区油气井。

12．什么是高压油气井？

答：高压油气井是指以地质设计提供的地层压力为依据，当地层流体充满井筒时，预测井口关井压力可能达到或超过 35MPa 的井。

13．什么是高含硫油气井？

答：高含硫油气井是指地层天然气中硫化氢含量高于

150mg/m³（100ppm）的井。

14．什么是高危地区油气井？

答：高危地区油气井是指在井口周围 500m 范围内有人员集聚场所、易燃易爆物品存放点，地面水资源及工业、农业、国防设施（包括开采地下资源的作业坑道），位于江河、湖泊、滩海和海上的含有硫化氢[地层天然气中硫化氢含量高于 15mg/m³（10ppm）]、一氧化碳等有毒有害气体的井。

15．对现场井下作业井控工作有什么要求？

答：（1）要建立井口控制系统，利用井口防喷装置，迅速有效地控制井喷；

（2）在施工中严格执行各项操作规程，包括平衡地层压力的措施、平稳操作及射孔、替喷、特殊工艺的安全措施等。

16．井下作业井控与钻井井控有什么区别？

答：（1）井下作业井控从工况上来说要比钻井井控复杂得多，涉及面广。

（2）中国石油天然气集团公司 2006 年 5 月颁发的《中国石油天然气集团公司石油与天然气井下作业井控规定》中明确规定，利用井下作业设备进行钻井（含侧钻和加深钻井），原钻机试油或原钻机投产作业，均执行中国石油天然气集团公司颁发的《石油与天然气钻井井控规定》。

（3）不同的井下作业设备之间差异较大。

（4）井下作业装备运移性强，作业时间短。

（5）大部分井下作业是在油层套管内，地层资料、井身结构等井下作业井控所需数据可以参考钻井资料、采油资料，以及在此之前的井下作业资料。

（6）井下作业工具多样化，使井下作业井控工作复杂化。

（7）井口装置及作业的要求不同。许多作业需要将油管摆放在井场，清洗干净。井口装置不能过高，否则会大大增加劳动强度，也增加作业难度。

（8）洗井、压井多用反循环，这与钻井不同。

17. 地质设计应提供哪些资料？

答：地质设计中应提供井身结构、套管钢级、壁厚、尺寸、水泥返高及固井质量等资料，提供本井产层的性质（油、气、水）、本井或邻井目前地层压力或原始地层压力、气油比、注水注汽区域的注水注汽压力、与邻井地层连通情况、地层流体中的硫化氢等有毒有害气体含量，以及与井控有关的提示。

18. 工程设计应提供哪些资料？

答：工程设计应提供目前井下地层情况、套管的技术状况，必要时查阅钻井井史，参考钻井时钻井液密度，明确压井液的类型、性能和压井要求等，提供施工压力参数、施工所需的井口、井控装备组合的压力等级。提示本井和邻井在生产及历次施工作业中硫化氢等有毒有害气体的监测情况。

19. 井控设计的内容有哪些？

答：（1）井控设计所需的基本数据；

（2）井控设备的设计（选择）；

（3）修井液的设计（选择），包括修井液性能的选择和估算修井液的用量；

（4）满足井控安全的井场布局。

20. 什么是压力？

答：压力在物理上也叫压强，是指物体单位面积上所受到的垂直方向上的力。压力与力的大小和作用面积有关。

21. 压力的单位是什么？

答：压力的国际标准单位是帕斯卡，符号是 Pa，即 $1Pa=1N/m^2$。

现场常用千帕（kPa）或兆帕（MPa），$1kPa=1\times10^3Pa$，$1MPa=1\times10^3kPa$。

压力的国际工程单位是巴（bar），可近似认为 $1bar=1kgf/cm^2$。

22. 什么是静液柱压力？

答：静液柱压力是由静止液体重力产生的压力。其大小取决于流体的密度和垂直高度，与井筒的尺寸无关。其计算公式为

$$p=\rho gh/1000$$

式中　p——静液柱压力，MPa；

　　　g——重力加速度，$9.81m/s^2$；

　　　ρ——液体密度，g/cm^3；

　　　h——液柱高度，m。

23. 什么是当量流体密度？

答：地层某一位置的当量流体密度是这一点以上各种压力之和（静液柱压力、回压、环空压力损失等）折算成流体密度，称为这一点的当量流体密度（简称当量密度），用 ρ_e 表示。其计算公式为

$$\rho_e=1000p/9.81h$$

式中　p——作用于该点的总压力，MPa；

　　　ρ_e——当量流体密度，g/cm^3。

24. 什么是压力梯度？

答：压力梯度是指每增加单位垂直深度压力的变化值，

即每米垂直井深压力的变化值或每 10m 垂直井深压力的变化值。用 G 表示。其计算公式为

$$G = p/h = \rho g$$

式中　G——压力梯度，kPa/m；

　　　p——压力，kPa 或 MPa；

　　　h——深度，m。

用压力梯度的定义，静液柱压力公式也可以写成：$p = Gh$。

25．什么是地层压力？

答：地层压力是指地下岩石孔隙中流体所具有的压力。用 P_p 表示。

26．压力的表示方法有哪几种？

答：(1) 用压力单位表示；

(2) 用压力梯度表示；

(3) 用当量密度表示；

(4) 用压力系数表示。

27．什么是压力系数？

答：压力系数是指某地层垂直深度的地层压力与该点水柱静压力之比。无因次，其数值等于该点的当量密度。

28．地层压力分为哪几类？

答：(1) 正常地层压力：按习惯，地层压力梯度在 9.8～10.5kPa/m 为正常地层压力；

(2) 异常高压：地层压力梯度大于正常压力梯度时称为异常高压；

(3) 异常低压：地层压力梯度小于正常压力梯度时称为异常低压。

29. 什么是上覆岩层压力?

答:上覆岩层压力是指某深度以上的地层岩石和其中流体对该深度所形成的压力。地下某一处的上覆岩层压力就是指该点以上至地面岩石的质量和岩石孔隙内所含流体的重力之总和施加于该点的压力。用 p_o 表示。

30. 什么是地层破裂压力?

答:地层破裂压力是指某一深度地层发生破碎和裂缝时所能承受的压力。井内压力过大会使地层破裂并将全部修井液漏入地层。地层破裂压力一般随井深的增加而增大。

地层破裂压力通常以梯度或当量密度来表示,常用单位是 kPa/m 或 g/cm^3。

31. 什么是井底压力?

答:井底压力是指地面和井内各种压力作用在井底的总压力。这个压力随着作业的不同而变化。用 P_b 表示。

32. 什么是泵压、油压和套压?

答:泵压是克服井内循环系统中摩擦损失所需的压力。正常情况下,摩擦损失发生在地面管汇、油管和环形空间中。

油管压力就是油气从井底流动到井口后的剩余压力,简称为油压。

套管压力是指油管与套管环形空间内,油和气在井口的压力,简称为套压。

33. 何谓井底压差?

答:井底压差是指井底压力与地层压力之间的差值,用 Δp 表示。

当井底压力大于地层压力时,称为正压差;当井底压力等于地层压力时,称为平衡;当井底压力小于地层压力时,称为负压差。

34. 什么是抽汲压力？

答：抽汲压力就是由于上提钻柱而使井底压力减少的压力，其数值就是阻挠修井液向下流动的流动阻力值。

35. 什么是激动压力？

答：激动压力是指由于下放钻柱而使井底压力增加的压力，其数值就是阻挠修井液向上流动的流动阻力值。激动压力和抽汲压力是类似的概念，其方向相反。

36. 影响抽汲压力和激动压力的因素有哪些？

答：(1) 管柱的起下速度；

(2) 修井液密度、修井液粘度、修井液静切力；

(3) 井筒和管柱外壁之间的环形空间间隙；

(4) 管柱的内径及节流情况；

(5) 井内管柱的长度等。

因此，在起下管柱时，都要控制起下速度，不要过快。

37. 井底压力由哪几部分组成？

答：(1) 修井液静液柱压力；

(2) 起管柱产生的抽汲压力；

(3) 下管柱产生的激动压力；

(4) 流动阻力（压力损失）。

38. 分析各种工况下的井底压力。

答：在不同作业工况下，井底压力是不一样的，具体如下：

(1) 静止状态（空井）时：井底压力 = 静液柱压力；

(2) 正常循环时：井底压力 = 静液柱压力 + 压力损失；

(3) 起管柱时：井底压力 = 静液柱压力 − 抽汲压力；

(4) 下管柱时：井底压力 = 静液柱压力 + 激动压力；

(5) 节流循环时：井底压力 = 静液柱压力 + 环形空间压

力损失+井口回压；

（6）溢流关井时：井底压力=静液柱压力+井口回压。

39. 哪一种工况下最易发生井涌？

答：起管柱时，井底压力最小，发生井涌的可能性较大。尤其是起管柱且不及时向井内灌修井液的情况最为危险。

40. 发生溢流应具备什么条件？

答：（1）井底压力小于地层压力；

（2）地层具有必要的渗透性，允许流体流入井内。

41. 溢流的常见原因有哪些？

答：（1）液柱压力小于地层压力；

（2）起管柱时井内未灌修井液或灌量不足；

（3）起管柱时产生过大的抽汲压力；

（4）循环漏失；

（5）修井液密度低；

（6）地层压力异常。

42. 对预防溢流有何要求？

答：预防溢流要求液柱压力稍大于地层压力，就是说在保证修井液液柱压力大于地层压力的同时，不能造成井漏，致使压井液进入地层，造成地层污染。

43. 为了减少由于起管柱时修井液未灌满而造成的溢流，应做到哪几点？

答：（1）知道管柱起出后，井内液面会下降；

（2）计算起出管柱的体积；

（3）测量灌满井筒所需修井液的体积；

（4）定期将修井液体积与起出管柱的体积进行比较并记在起、下管柱记录本上；

(5) 如果两种体积不相符合要立即采取措施。

44. 起管柱时减小抽汲作用的原则有哪些？

答：(1) 尽量控制井底压力略大于地层压力；

(2) 环形空间间隙要适当；

(3) 控制起管柱的速度。

45. 防止由于修井液密度不够引起溢流的做法是什么？

答：(1) 准确估算地层压力；

(2) 安装适当的地面装置，以便及时排除修井液中的气体，不要把气侵的修井液再重复循环到井内；

(3) 保持修井液处于良好状态。

46. 防止循环漏失的一般做法是什么？

答：(1) 了解地层压力；

(2) 在下管柱时将激动压力减小到最低程度；

(3) 保持修井液的良好状态；

(4) 做好向井内打堵漏物质的准备。

47. 天然气侵入井内的方式有哪些？

答：(1) 岩屑气侵：在钻进气层的过程中，随着岩石的破碎，岩石孔隙中的天然气被释放出来而侵入钻井液；

(2) 置换气侵：钻遇大裂缝或溶洞时，由于修井液密度比天然气密度大，产生重力置换，天然气被钻井液从裂缝或溶洞中置换出来进入井内；

(3) 扩散气侵：气层中的天然气穿过泥饼向井内扩散，侵入钻井液。

48. 循环中溢流的显示有哪些？

答：(1) 修井液返出量增加；

(2) 循环灌液面升高；

(3) 停泵后，井口井液外溢。

49. 起下油管时如何发现溢流？

答：(1) 起油管时，起出管柱体积大于灌入的修井液体积；

(2) 下油管时，下入井内管柱体积小于修井液返出井口的体积；

(3) 停止起下作业时，出口管外溢。

50. 压井过程中如何发现溢流？

答：(1) 进口排量小，出口排量大，出口液体中气泡增多；

(2) 进口液体密度大，出口液体密度小，密度有下降的趋势；

(3) 停泵后进口压力增大。

51. 射孔后的溢流显示有哪些？

答：(1) 井内液面上升，井口射孔液自动外溢；

(2) 关井有油压、套压。

52. 溢流关井有什么优点？

答：发现溢流后，迅速按关井程序控制井口的优点是：

(1) 控制住井口，使井控工作处于主动，有利于安全压井和保护地面人员、设备及周边环境；

(2) 制止地层流体继续侵入井内；

(3) 可保持井内有较多的修井液，减小关井压力并能求取关井压力；

(4) 可以比较准确地确定地层压力；

(5) 可以准确确定压井液密度，为组织压井做好准备。

53. 什么是软关井？有何优缺点？

答：软关井是当发生溢流或井喷后，先开通节流阀通道，在其他旁侧通道关闭的情况下关闭防喷器，然后关节流阀的关井方法。

软关井的优点：可以避免突然关井而产生的水击效应，万一套管压力变得过高，还可以采用其他的井控方法（如低节流压力法等）关井，所以关井比较安全。

软关井的缺点：关井动作多、时间比较长，在关井的过程中地层流体还会继续侵入井内。

54．什么是硬关井？有何优缺点？

答：硬关井是当发生溢流或井喷后，不打开任何液流通道，直接关闭防喷器的操作方法。

硬关井的优点：关井时间比较短，可以迅速制止地层流体进入井内。

硬关井的缺点：关井时容易产生水击现象，使井口装置、套管和地层所承受的压力急剧增加，甚至超过井口装置的额定工作压力、套管抗内压强度和地层破裂压力，而造成井口失控。

55．简述无钻台旋转作业（钻磨套铣）时发生溢流关井操作程序。

答：（1）发：发出信号；

（2）停：停止冲洗或钻磨套铣作业；

（3）抢：提出冲洗单根，抢装管柱旋塞；

（4）关：关防喷器、关内防喷工具；

（5）关：关套管闸阀，试关井；

（6）看：认真观察，准确记录油管压力和套管压力，以及循环罐压井液增减量，迅速向队长或技术员及甲方监督报告。

56. 简述无钻台起下管柱时发生溢流关井操作程序。

答:(1) 发:发出信号;

(2) 停:停止起下管柱作业;

(3) 抢:抢装管柱旋塞;

(4) 关:关防喷器、关内防喷工具;

(5) 关:关套管闸阀,试关井;

(6) 看:认真观察,准确记录油管压力和套管压力,以及循环罐压井液增减量,迅速向队长或技术员及甲方监督报告。

57. 简述无钻台起下大直径工具(封隔器或钻铤等)时发生溢流关井操作程序。

答:(1) 发:发出信号;

(2) 停:停止起下作业;

(3) 抢:抢下防喷单根;

(4) 关:关防喷器、关内防喷工具;

(5) 关:关套管闸阀,试关井;

(6) 看:认真观察,准确记录油管压力和套管压力,以及循环罐压井液增减量,迅速向队长或技术员及甲方监督报告。

58. 简述无钻台空井发生溢流时关井操作程序。

答:(1) 发:发出信号;

(2) 停:停止其他作业;

(3) 抢:抢下防喷单根;

(4) 关:关防喷器、关内防喷工具;

(5) 关:关套管闸阀,试关井;

(6) 看:认真观察,准确记录油管压力和套管压力,以及循环罐压井液增减量,迅速向队长或技术员及甲方监督报告。

59. 简述有钻台旋转作业（钻磨套铣）中发生溢流时关井操作程序。

答：(1) 发：发出信号；

(2) 停：停转盘，停泵，上提方钻杆（使钻杆接头下部能够坐上吊卡的位置）；

(3) 开：开启手（液）动平板阀；

(4) 关：关防喷器（先关环形防喷器，后关半封闸板防喷器）、关内防喷工具；

(5) 关：先关节流阀（试关井），再关节流阀前的平板阀；

(6) 看：认真观察，准确记录油管压力和套管压力，以及循环罐压井液增减量，迅速向队长或技术员及甲方监督报告。

60. 简述有钻台起下钻杆（油管）中发生溢流时关井操作程序。

答：(1) 发：发出信号；

(2) 停：停止起下作业；

(3) 抢：抢接钻具止回阀或旋塞阀；

(4) 开：开启手（液）动平板阀；

(5) 关：关防喷器（先关环形防喷器，后关半封闸板防喷器）、关内防喷工具；

(6) 关：先关节流阀（试关井），再关节流阀前的平板阀；

(7) 看：认真观察，准确记录油管压力和套管压力，以及循环罐压井液增减量，迅向队长或技术员及甲方监督报告。

61. 简述有钻台起下大直径工具（封隔器或钻铤等）时发生溢流关井操作程序。

答：(1) 发：发出信号；

(2) 停：停止起下作业；

(3) 抢：抢接钻具止回阀（或防喷单根）及钻杆；

(4) 开：开启手（液）动平板阀；

(5) 关：关防喷器（先关环形防喷器，后关半封闸板防喷器）、关内防喷工具；

(6) 关：先关节流阀（试关井），再关节流阀前的平板阀；

(7) 看：认真观察，准确记录油管压力和套管压力，以及循环罐压井液增减量，迅速向队长或技术员及甲方监督报告。

62. 简述有钻台空井发生溢流时关井操作程序。

答：(1) 发：发出信号；

(2) 开：开启手（液）动平板阀；

(3) 关：关防喷器（先关环形防喷器，后关全封闸板防喷器）；

(4) 关：先关节流阀（试关井），再关节流阀前的平板阀；

(5) 看：认真观察，准确记录油管压力和套管压力，以及循环罐压井液增减量，迅速向队长或技术员及甲方监督报告。

空井发生溢流时，若井内情况允许，可在发出信号后抢下几柱钻杆（油管），然后实施关井。

63. 关井时应注意哪些问题？

答：(1) 井内有管柱时，不能关全封闸板防喷器；

(2) 合理控制井口压力，使套压不超过最大允许关井套压；

(3) 关防喷器要一次到位；

(4) 严禁用打开防喷器的方法泄压；

(5) 长期关井要手动锁紧；

(6) 关井后，要密切关注套压的变化，并迅速组织压井。

64. 什么是最大允许关井套管压力？如何确定最大允许关井套管压力？

答：最大允许关井套管压力是在不破坏防喷设备、套管或地层的条件下，一口井所能承受的最大压力。

其关井最高压力不得超过井控装备额定工作压力、套管实际允许的抗内压强度两者中的最小值。

65. 井口压力的控制方法有哪些？

答：(1) 油管压力法。

通过节流阀间断放出一定数量的修井液，使天然气膨胀，气体压力降低。通过油管压力控制天然气的膨胀和井底压力，使井底压力略大于地层压力，以防止天然气再进入井内，又不压漏地层。

(2) 容积法。

容积法是依据井底压力、环空静液柱压力和井口套压的变化关系，控制井底压力略大于地层压力，让气体上升膨胀。

66. 天然气上升到井口的处理方法是什么？

答：处理方法是采用顶部压井法。顶部压井是从井口注入修井液置换井内气体，以降低井口压力并保持井底压力略大于地层压力。

67. 什么是圈闭压力？产生圈闭压力的原因是什么？

答：圈闭压力是指从油管压力表及套管压力表上记录到的超过平衡地层压力的关井压力值。

产生圈闭压力的原因是：关井先于停泵，圈闭着一部分能量；气体在关井状态下滑脱上升。

68. 对井下作业队施工前的准备工作有什么要求？

答：(1) 作业队应向全队职工进行地质、工程和井下等方面的技术措施交底，并明确班组各岗位分工，同时按设计要求准备相应的井控装备及工具；

(2) 对施工现场已安装的井控装备在施工作业前必须进行检查、试压合格，使之处于完好状态；

(3) 施工现场使用的放喷管线、节流及压井管汇必须符合使用规定，并安装固定、试压合格；

(4) 施工现场应备足满足设计要求的修井液；

(5) 施工现场应备有能连接井内管柱的旋塞阀或简易防喷装置作为备用的内、外防喷工具；

(6) 建立开工前井控验收制度。

69. 井下作业施工过程中井控装置由哪些部分组成？

答：(1) 井口防喷装置，包括高压闸阀、自封、过渡法兰、四通、套管头等；

(2) 以节流管汇为主的井控管汇，包括放喷管线、压井管线；

(3) 管柱内防喷工具，包括防喷单流阀、油管旋塞阀等；

(4) 压井液储备系统要具有净化、加大密度、原料储备及自动调配、自动灌液等功能；

(5) 处理复杂情况的专用设备、工具，包括高压自封、不压井起下管柱装置、消防灭火设施等；

(6) 施工现场必须配有通信联系工具；

(7) 大队级施工单位宜配备抢险工程车，配齐各种井控设备、工具，保证灵活好用。

70. 简述洗井施工中防喷的具体做法和要求。

答：(1) 按施工设计的管柱结构要求，将洗井管柱下至预定深度；

(2) 连接地面管线，地面管线试压至设计施工泵压的1.5倍，经5min后不刺不漏为合格；

(3) 开套管闸阀打入洗井液，洗井时要注意观察泵压变化；

(4) 洗井过程中，随时观察并记录泵压、排量、出口排量及漏失量等数据；

(5) 严重漏失的井采用有效堵漏措施后，再进行洗井施工；

(6) 出砂严重的井优先采用反循环法洗井，保持不喷不漏、平衡洗井；

(7) 洗井过程中加深或上提管柱时，洗井工作液必须循环2周以上方可活动管柱，并迅速连接好管柱，直到洗井至施工设计深度；

(8) 洗井时所录取的数据与压井时相同。

71. 简述起下作业中防喷的具体做法和要求。

答：(1) 防喷器、远程控制台和井控管汇的安装、试压要符合相关规定；

(2) 气井溢流压井后起管柱前,应进行短程起下作业,发现异常应及时采取相应措施;

(3) 起下作业时,坚持按起下管柱操作规程平稳操作。加强坐岗观察与记录;

(4) 起下封隔器等大直径工具时,应控制起下钻速度,防止产生抽汲或激动压力;

(5) 起下抽油泵应按要求压井后再施工;

(6) 对有高压气层和漏失层的井,起下管柱要随时向井内灌压井液,保持井筒内压力平衡;

(7) 起下管柱作业出现溢流时,应立即抢关井,经压井正常后,方可继续施工。

72. 起下油管时应录取哪些数据?

答:(1) 起油管时所录取的数据包括:起出油管规格、根数、长度,起出井下工具名称、规格、长度、数量,施工描述;

(2) 下油管时所录取的数据包括:下入油管规格、根数、长度,下入井下工具名称、规格、长度、数量,管柱示意图。

73. 简述不压井、不放喷作业过程中防喷的具体做法和要求。

答:(1) 作业井的井口装置、井下管柱结构及地面设施必须具备不压井、不放喷及应变抢救作业的各种条件;

(2) 作业施工前应接好放喷平衡管线;

(3) 不压井井口控制装置要求动作灵活、密封性能好、连接牢固、试压合格,并有性能可靠的安全卡瓦;

(4) 起下管柱过程中,随时观察井口压力及管柱变化。当超过安全工作压力或发现管柱自动上顶时,应及时采取加压及其他有效措施。

74. 简述冲砂施工中防喷的具体做法和要求。

答：(1) 冲砂作业要使用符合设计要求的压井液进行施工。按工程设计安装好防喷器，并按规定对其进行试压；

(2) 施工中井口应坐好自封封井器和防喷器；

(3) 当管柱下到砂面以上 3m 时开泵循环，观察出口排量正常后缓慢下放管柱冲砂；

(4) 冲至井底深度后，上提管柱 1~2m，用清水大排量冲洗井筒 2 周；

(5) 冲砂施工中如果发现严重漏失，冲砂液不能返出地面时，应立即停止冲砂，将管柱提至原始砂面以上，并反复活动管柱；

(6) 高压自喷井冲砂要控制出口排量，应保持与进口排量平衡，防止井喷；

(7) 采用气化液冲砂时，压风机出口与水泥车之间要安装单流阀，返出管线必须用硬管线，并固定；

(8) 各岗位要密切配合，根据泵压、出口排量来控制下放速度。

75. 冲砂施工应录取哪些数据？

答：冲砂施工应录取的数据包括：时间、方式、冲砂液名称、性质、液量、泵压、排量、返出物描述、累积砂量、冲砂井段、砂柱高度、冲至深度、漏失量、喷吐量、停泵前的出口砂比、沉降时间、复探砂面深度。

76. 简述打捞施工过程中防喷的具体做法和要求。

答：(1) 按规定压井；

(2) 下探视工具，了解落物的位置和形状等；

(3) 依据落物情况及落物与套管环行空间的大小，选择和制作合适的打捞工具；

(4) 编写施工设计和安全措施，按呈报程序经有关部门批准后，方能按施工设计进行打捞施工；

(5) 打捞时操作要平稳；

(6) 打捞大直径落物，应控制上提速度。

77. 简述投、捞油管堵塞器防喷的具体做法和要求。

答：(1) 作业前应安装相应的防喷装置，并试压至额定工作压力；

(2) 在实施连通作业前（如捞堵塞器、射开油管连通环空等作业），应按设计要求，对井口预加相应的压力。

78. 打捞施工应录取哪些数据？

答：(1) 落鱼名称、鱼顶深度、鱼顶特征描述；

(2) 打捞管柱名称、规格、型号、钢级、外径、扣型；

(3) 打捞工具名称、规格、型号及主要尺寸，画出示意图；

(4) 方入或方余长度、打捞深度、打捞原悬重、打捞中加压或上提载荷，造扣与倒扣旋转扭矩及圈数；

(5) 打捞显示、打捞过程中鱼顶深度变化情况，打捞后悬重、打捞后起钻时指重表显示；

(6) 捞出落物描述（名称、尺寸、数量），冲洗鱼顶过程中的返出物描述，有无喷漏显示，捞空后起出打捞工具对打捞工具痕迹的描述；

(7) 打捞过程中的洗井资料。

79. 射（补）孔前要做好哪些防喷准备工作？

答：(1) 射（补）孔前，应安装射孔闸阀或防喷器以及压井、放喷管线，并按要求进行试压；

（2）放喷管线应接出距井口规定距离以外，禁止用软管线，固定好后将放喷闸阀打开；

（3）准备好井口设备和安装工具；

（4）做好抢下油管和抢装井口的准备工作，并保证机具配件清洁、灵活好用；

（5）井筒必须灌满压井液，并保持合理的液面高度；

（6）射孔前，预测能自喷的井必须选用油管传输射孔。

80．简述常规电缆射孔的防喷要求。

答：（1）射孔前应根据设计中提供的压井液及压井方法进行压井，压井后方可进行电缆射孔；

（2）射孔前要按标准安装防喷器或射孔闸阀、放喷管线及压井管线；

（3）射孔过程中要有专人负责观察井口显示情况，若液面不在井口，应及时向井筒内灌入同样性能的压井液，保持井筒内静液柱压力不变；

（4）射孔过程中发生溢流时，应停止射孔，及时起出枪身，来不及起出射孔枪时，应剪断电缆，迅速关闭射孔闸阀或防喷器；

（5）射孔结束后，要有专人负责观察井口显示情况，确定无异常时，才能卸掉射孔闸阀进行下一步施工作业。

81．简述油管射孔、过油管射孔的防喷要求。

答：（1）采油（气）树井口压力级别要与地层压力相匹配；

（2）采油（气）树井口上井安装前必须按有关标准进行试压，合格后方可使用；

（3）采油（气）树井口现场安装后要整体试压，合格后方可进行射孔作业；

（4）射孔后起管柱前应根据测压数据或井口压力情况确定压井液密度和压井方法进行压井，确保起管柱过程中井筒内压力平衡。

82．简述诱喷施工中的防喷要求。

答：（1）在抽汲作业前应认真检查抽汲工具，装好防喷管、防喷盒；

（2）发现抽喷预兆后应及时将抽子提出，快速关闭闸阀；

（3）预计为气层的井不应进行抽汲作业；

（4）已有油或气的井不允许使用空气进行气举排液，宜采用液氮进行排液。

83．诱喷作业的方法有哪些？

答：液体替喷、高压气举、抽汲诱喷及注氮诱喷等。

84．简述油水井大修施工中的防喷措施。

答：（1）严格按设计要求选配压井液，备足用量；

（2）按标准装好井控装置，并试压合格；

（3）有漏失层的井要连续灌注压井液，保持井筒液柱压力与地层压力平衡；

（4）对封隔器胶皮卡的井和大直径落物打捞的井，捞获后的上提速度应慢，切不可使用高速挡。同时要加强保护套管措施。

85．简述钻磨施工中的防喷要求。

答：（1）磨水泥塞、桥塞、封隔器等施工作业所用压井液性能要与封闭地层前所用压井液性能相一致；

（2）钻磨完成后要充分循环洗井至 1.5～2 个循环周，停泵观察至少 30min，井口无溢流时方可进行下步工序的作业；

(3) 施工中井口应坐好自封封井器和防喷器。

86. 简述复杂打捞施工中的防喷要求。

答：(1) 施工前首先将井史资料查清，如井下落物的结构与尺寸；

(2) 根据井下落物的具体情况编写施工设计，按设计准备各类专用工具；

(3) 每一道施工工序严格按设计要求进行，前一道工序完成再进行下一道工序，选用工具必须符合井下情况要求；

(4) 每次打捞都要详细记录描述捞出落物的数量、规范，以便对下一步打捞提供依据；

(5) 打捞大直径落物，应控制上提速度，并有防止管柱上顶的技术措施；

(6) 施工结束后，编写施工总结。

87. 简述放喷、测试施工的防喷要求。

答：(1) 放喷前，要检查采油气井口的各部分连接紧固情况；

(2) 地面放喷、测试流程，按照 SY/T 6690—2008《井下作业井控技术规程》中"5.2.2.1"的要求进行试压；

(3) 采油（气）树的闸阀操作，开井时，应遵循先内后外的原则；关井时，应遵循先外后内的原则。紧急情况下，可直接关液控安全阀或井口总闸阀；

(4) 应用针形阀或油嘴控制放喷；

(5) 如发生井口超压，应及时开启放喷管汇降压。

88. 简述压裂、酸化、化学堵水、防砂施工中的防喷措施。

答：(1) 施工现场应按设计和有关规定，配备好防火、防爆及防喷的专用工具及器材，并保证灵活好用；

（2）地面与井口连接管线和高压管汇，必须试压合格，有可靠的加固措施；

（3）超高压施工时，要对井身、油层套管等采取保护措施，并设高压平衡管汇，各分支都要有高压闸阀控制。同时应适当加密固定管汇的地锚；

（4）所有高压泵安全销子的切断压力不准超过泵的额定工作压力，同时不低于设计压力的1.5倍；

（5）防砂作业时，为防止失控和井喷事故，应根据地层压力情况，选用不同密度的压井液压井。

89．简述试油、试气时的防喷措施。

答：（1）井口采油树、防喷装置、管线流程均要选用适合特殊情况的高压装置，并经试压合格后再使用；

（2）井场备足合格的压井液，压井液的密度应参考钻井钻穿油层的资料，储备数量为井筒容积的1.5～2倍；

（3）高压流程、分离器及其他高压设施应有牢靠的固定措施；

（4）取样操作人员应熟悉流程，平稳操作，严禁违章操作；

（5）射孔后下油管替喷、诱喷施工时，替喷液性能、替喷方式、诱喷方式符合要求。

90．简述井控作业中易出现的错误做法。

答：（1）发现溢流后不及时关井、仍循环观察；

（2）起下管柱溢流时仍侥幸继续作业；

（3）关井后长时间不进行压井作业；

（4）压井液密度过大或过小；

（5）排除天然气溢流时保持循环罐液面不变；

(6) 敞开井口使压井液的泵入速度大于溢流速度；

(7) 关井后闸板刺漏仍不采取措施。

91. 简述抢险工作的组织及准备。

答：(1) 增强抢险意识，定期对各有关人员进行防喷抢险知识的培训；

(2) 以预防为主，认真做好抢险器材、工具的准备；

(3) 当接到井喷事故报警后，要迅速集合队伍、调集器材到现场。同时，立即成立应急救援领导小组并开始工作；

(4) 制定多套抢险方案，并向参加抢险的全体人员交底。制定抢险方案要从最坏处着眼，向最好处努力；

(5) 井喷事故发生后，应按事故级别逐级汇报。

92. 简述井喷抢险过程中人身安全防护的措施。

答：(1) 安全抢险人员要穿戴好各种劳保用品，必要时要带上防毒面具、口罩、防震安全帽，系好安全带、安全绳；

(2) 消防车及消防设施要严阵以待，随时应付突发事故的发生；

(3) 医护抢救人员到现场守候，做好救护工作的一切准备；

(4) 全体抢险人员要服从现场指挥的统一指挥，随时准备好；

(5) 一旦发生爆炸、火灾、塌陷等意外事故时，人员、设备能迅速撤离现场；

(6) 在高压油、气区域抢险时间不易太长，组织救护队随时观察因中毒等受伤人员，及时转移到安全区域进行救护。

93. 什么是压井？

答：压井就是将具有一定性能和数量的液体，泵入井内，并使其液柱压力相对平衡于地层压力的过程；或者说压井是利用专门的井控设备和技术向井内注入一定密度和性能的修井液，建立压力平衡的过程。

94. 简述压井作业保护油层的措施。

答：压井保护油层，要遵守"压而不喷，压而不漏，压而不死"三原则，必须采取以下4项产层保护措施。

(1) 选用优质压井液；

(2) 低产、低压井可采取不压井作业，严禁挤压井作业（特殊井除外）；

(3) 地面盛液池（或罐）干净无杂物，作业泵车及管线要进行清洗；

(4) 加快施工速度，缩短作业周期，完井后要及时投产。

95. 压井液应具备哪些功能？

答：压井液在使用过程中要具备以下的功能：

(1) 与地层岩性相配伍，与地层流体相容，并保持井筒稳定；

(2) 密度可调，以便平衡地层压力；

(3) 在井下温度和压力条件下稳定；

(4) 滤失量少；

(5) 有一定携带固相颗粒的能力。

96. 选择压井液的原则是什么？

答：(1) 压井液应具有较好的携带和悬浮岩屑、砂子、钻屑的性能；

(2) 压井液的物质化学性质稳定，不产生化学反应，不损害底层；

(3) 压井液能实现压而不喷、不漏、不污染地层、不堵塞射孔孔眼；

（4）有利于准确测定产液性能；

（5）货源广，调配、使用方便，价格便宜。

97. 压井液分为哪几类？

答：压井液分为水基压井液、油基压井液和泡沫液三类。

98. 如何确定压井液密度？

答：压井液密度的确定应以钻井资料显示最高地层压力系数或实测地层压力为基准，再加一个附加值。

99. 压井液密度安全附加值有哪两种？选择时应考虑哪些因素？

答：（1）按密度附加，其安全附加值的取值范围：油水井为 $0.05 \sim 0.1 g/cm^3$；气井为 $0.07 \sim 0.15 g/cm^3$。

（2）按压力附加，其安全附加值的取值范围：油水井为 $1.5 \sim 3.5 MPa$；气井为 $3.0 \sim 5.0 MPa$。

具体选择附加值时应考虑地层孔隙压力大小、油气水层的埋藏深度、钻井时的钻井液密度、井控装置等因素。

100. 常用的压井方法有哪些？

答：常用压井方法有灌注法、循环法和挤注法三种。

101. 选择压井方法需要考虑的因素有哪些？

答：（1）井内管柱的深度和规范；

（2）管柱内阻塞或循环通道，作为压井方法选择的依据。

102. 什么是灌注压井法？

答：灌注法是向井筒内灌注一段压井液，井筒液柱压力就能平衡地层压力的压井方法。

103. 在何种情况下采用灌注法压井？有何特点？

答：灌注法多用在压力不高、工作简单、时间短的井下作业上。

特点是压井液与油层不直接接触，井下作业后很快投产，可基本消除对产层的损害。

104. 什么是循环压井法？适用于什么情况下？

答：循环法是将密度合适的压井液泵入井内并进行循环，密度较小的原压井液（或油、气及水）被压井用的压井液替出井筒达到压井目的的方法。循环法压井的关键是确定压井液的密度和控制适当的回压。

对于自喷井和动液面恢复较快的井一般选用循环压井法。

105. 什么是反循环压井法？

答：反循环压井是将压井液从油套环形空间泵入井内顶替井内流体，由管柱内上升到井口的循环过程。

106. 在何种情况下采用反循环压井法？有何特点？

答：反循环压井多用在压力高、气油比大的油气井中。

反循环压井的特点是排除液流时间短，地面压井液增量少，较高的压力局限在管柱内部等。

107. 什么是正循环压井法？

答：正循环压井是将压井液从管柱内泵入井内顶替井内流体，由环形空间上升到井口的循环过程。

108. 在何种情况下采用正循环压井法压井？有何特点？

答：正循环压井适用于低压和产量较大的油井。

正循环压井对地层回压小、污染小，但对高产井、高压井、气井的压井成功率比反循环压井低。

109．什么是挤注压井法？适用范围如何？有何特点？

答：挤注法是井口只留有压井液的进口，其余管路闸阀全部关闭，用泵将压井液挤入井内，把井筒中的油、气、水挤回地层，挤完关井一段时间后，开井观察压井效果。

挤注压井法适用于油、套既不连通，又无循环通道的井不能循环压井，也不能采用灌注压井的情况下。

其缺点是：可能将脏物（砂、泥）等挤入产层，造成孔道堵塞；需要压裂来解除堵塞，恢复油井生产。

110．简述压井的安全技术要求。

答：(1) 在满足井下作业要求条件下，地面管线应尽量简化，布局要合理紧凑，减少水力损失，有利于安全生产；

(2) 所有管线连接好后，应进行地面试压，试压值为工作压力的 1.2～1.5 倍，保持无渗漏；

(3) 出口接硬管线，内径不小于 62mm，要考虑当地季节风向、居民区、道路、设施等情况，并接出井口 35m 以外，转弯夹角不小于 120°，每隔 10～15m 用水泥墩、螺栓或地锚固定；

(4) 地面管线上不能行驶各种车辆，如果管线处必须过车时，应加过桥盖板；

(5) 节流压井管汇额定工作压力与所用防喷器的组合额定工作压力要一致。

111．井被压住有何显示？

答：(1) 泵压平稳，进口排量等于出口排量，进出口密度一致；

(2) 返出液体无气泡，停泵后井口无溢流，进口与出口压力表上读数近于相等。

112．压井应注意哪些事项？

答：(1) 压井前应用油嘴排除井筒上部的存气；

(2) 根据设计要求按井筒容积的 1.5～2 倍准备压井液；

(3) 压井前应检查泵注设备，以免中途停泵，造成压井液气侵；

(4) 压井液返出后，进出口压井液性能、排量要一致；

(5) 为保护产层，应避免压井时间过长，减少压井液对产层的污染；

(6) 若压井失败，必须分析原因，不得盲目加大或降低压井液密度；

(7) 压井时不应在高压区穿行，如出现刺漏，应停泵泄压后再处理，开关闸阀应侧身操作。

113．影响压井作业的主要因素有哪些？

答：(1) 压井液的性能：压井液性能被破坏的主要原因是"四侵"：水侵、气侵、钙侵（水泥侵）、盐水侵；

(2) 设备性能：钻井泵的上水不好，甚至出现设备故障，延误作业时间，导致压井失败。

114．导致压井失败的主要因素有哪些？

答：(1) 对井下情况不明（或不详），会在压井过程中发生预料不到的问题，导致压井失败；

(2) 准备不充分；

(3) 技术措施不当。如果压井过程中井口压力控制不当，影响压井的进行。

115．压井作业应录取哪些资料？

答：压井时所录取的数据包括：压井时间、压井方式、压井深度、压井后的观察时间、压井液性质、压井参数、压井液排出携带物。

116．什么是井底常压法？

答：井底常压法是一种保持井底压力不变而排出井内气侵修井液的方法。它是使井底压力保持恒定并等于（或稍稍大于）地层压力的方法。

117．井底常压法压井的原理是什么？有何优点？

答：井底常压法的基本原理是在实施压井过程中始终保持井底压力与地层压力的平衡，不使新的地层流体流入井内，同时又不使控制压力过高，危及地层与设备。

井底常压法的优点是：

（1）它是一个通用的方法，包括大多数作为特殊情况的现有方法；

（2）能处理井涌时遇到的各种情况；

（3）简单而易为油田井下作业人员使用；

（4）包括了现用方法所忽略的一些情况；

（5）适用于油田井下作业且为实践所证明。

118．什么是司钻法压井？有何特点？

答：司钻法是发生溢流关井后，用两个循环周来完成压井作业的方法，又称为二次循环法。先用原密度井液排除溢流，再用压井液压井。该方法往往在加重及供应不及时的情况下采用。

此方法从关井到恢复循环时间短，容易掌握。缺点是用时较长和最大程度地运用井口防喷设备。

119．什么是工程师法压井？有何特点？

答：工程师法是发生溢流关井后，将配制的压井液直接泵入井内，在一个循环周内将溢流排出井口并压住井的方法。又称为等待加重法压井。

此方法压井时间短,井口装置承压小,对地层施加的压力小。但从关井到恢复循环时间长。

120. 在井底常压法压井中,若发生井涌关井油管压力为零时应如何处理?

答:这种井涌发生是由于抽汲作用或由于气体扩散进入井底修井液中造成的。可以考虑两种情况:

(1) 关井套管压力也为零时,应该开着防喷器恢复循环。除了情况恶化以外,在注意修井液池液面和修井液密度的同时,对返出的修井液进行充分除气;

(2) 关井套管压力不为零时,必须通过节流阀循环以排出环形空间内受侵污的修井液,操作如下:

①选定某一排量(泵速),在套管压力不变情况下启动泵,使泵达到该泵速;

②控制节流阀的开启大小,使油管压力等于前面求得的初始循环泵压,并保持不变;

③在循环一周后,当环形空间容量已循环出井筒时,套管压力应该减少到零。这时,控制就结束。

121. 在井底常压法压井中,若发生井涌关井油管压力不为零时应如何处理?

答:关井后在处置程序上有四种可能性:

(1) 立刻开始边加重修井液边循环压井,可以在最短时间内制止住溢流,使节流阀和井口装置承受的压力最小和受压时间最短,因此是最安全的;

(2) 采用"工程师法"压井;

(3) 采用"司钻法"压井;

(4) 先循环排出受污修井液,然后边加重边循环压井。

此种方法不但处置复杂，而且需要的时间长。

122. 简述气井和高压、高气油比井正循环法压井的作业程序。

答：(1) 控制排气。排除井筒内的部分高压气体，使井筒形成一个短暂的相对稳定"低压漏斗区"；

(2) 控压循环垫大量隔离液（一般使用清水），隔气或脱气，也可借鉴司钻法用隔离液进行第一个循环；

(3) 控压泵入设计密度和数量的压井液，循环至进出口压井液密度相等，井并不外溢，完成压井作业。

123. 简述气井和高压、高气油比井挤注法压井的特点及作业程序。

答：挤注法压井作业周期较长，对井筒、井口以及设备能力要求高，长时间扩压压井液易气侵。

作业程序为：反挤隔离液→压井液→关套管闸阀；正挤隔离液→压井液→关油管闸阀→扩压→活动管柱→洗井。

124. 什么是反循环正挤法？

答：反循环正挤法压井是控压反循环压井液至压井管柱的管脚处，确保环形空间内的压井液完好，再正挤压井液至设计井段，关井，扩压，洗井。

该压井法避免了井底携带压力对压井液的侵害，成功率高。

125. 什么是体积控制法？

答：体积控制法是在不能循环的情况下实现井控，即不循环调节井内压力的方法。其要点是在维持井控时，从系统中放出井液以允许气体膨胀和运移。

第二部分　井下作业井控设备

126．什么是井控设备？

答：井控设备是实施油气井压力控制所需要的一整套专用设备、仪表和工具，是井下作业必须配备的设备。

127．井控设备有哪些功用？

答：(1) 及时发现溢流。对油气井进行监测，以便尽早发现井喷预兆，尽早采取控制措施；

(2) 迅速控制井喷。溢流发生后，能迅速关井，防止发生井喷，并通过建立足够的井口回压，实现对地层压力的二次控制；

(3) 允许井内流体可控制的排放。实施压井作业，向井内泵入压井液时能够维持足够的井底压力，重建井内压力平衡；

(4) 处理井喷失控。在油气井失控的情况下，进行灭火抢险等处理作业。

128．井下作业井控设备由哪几部分组成？

答：(1) 井口装置：包括完井井口装置（套管头、油管头及采油树三部分）和以防喷器为主体的防喷装置；

(2) 控制装置：包括司钻控制台、远程控制台、辅助遥控控制台；

(3) 以节流管汇为主的井控管汇：包括节流管汇及液

动节流阀控制箱、防喷管线、放喷管线、压井管汇、注水管线、灭火管线、反循环管线等；

(4) 井下管柱内防喷工具：包括油管旋塞阀、回压阀、油管堵塞器、活堵、各类形式的井下开关等；

(5) 地面加压及其他辅助设备；

(6) 井控仪器仪表：包括修井液返出温度、修井液密度、修井液返出流量、修井液罐液面、起管柱时井筒液面的监测报警仪等；

(7) 修井液加重、除气、灌注设备：包括修井液加重设备、修井液气体分离器、修井液除气器、起管柱自动灌液装置等；

(8) 井喷失控处理和特殊作业设备。

129. 为保障井下作业的安全，防喷器必须满足哪些要求？

答：关井动作迅速、操作方便、密封安全可靠、现场维修方便。

130. 液压防喷器的型号是怎么命名的？

答：(1) 单闸板防喷器：FZ 公称通径—最大工作压力。

(2) 双闸板防喷器：2FZ 公称通径二最大工作压力。

(3) 三闸板防喷器：3FZ 公称通径—最大工作压力。

(4) 环形防喷器：FH 公称通径—最大工作压力。

型号中公称通径的单位为"cm"并取其圆整值。最大工作压力的单位则以"MPa"表示。

131. 解释下列防喷器型号的含义：FZ18-21、2FZ18-35、FH18-35。

答：(1) FZ18-21 表示公称通径为 180mm、最大工作压力为 21MPa 的单闸板防喷器。

(2) 2FZ18-35 表示公称通径为 180mm、最大工作压力为 35MPa 的双闸板防喷器。

(3) FH18-35 表示公称通径为 180mm、最大工作压力为 35MPa 的环形防喷器。

132. 防喷器的两大技术指标分别是什么？

答：防喷器的主要技术指标是最大工作压力和公称通径。

(1) 最大工作压力是指防喷器安装在井口投入工作时所能承受的最大井口压力。它是防喷器的强度指标。

(2) 公称通径是指防喷器的上下垂直通孔直径。公称通径是防喷器的尺寸指标。

133. 我国液压防喷器的最大工作压力共分为哪几级？

答：标准 SY/T 6160—2008《防喷器的检查和维修》中规定，我国液压防喷器的最大工作压力共分为 5 级，即：14MPa（2000psi）、21MPa（3000psi）、35MPa（5000psi）、70MPa（10000psi）、105MPa（15000psi）。

134. 我国液压防喷器的公称通径分为几种？现场常用哪几种？

答：标准 SY/T 6160—2008《防喷器的检查和维修》中规定，我国液压防喷器的公称通径共分为 9 种，即：180mm、230mm、280mm、346mm、426mm、476mm、528mm、540mm、680mm。

井下作业现场常用的公称通径多为 180mm（$7\frac{1}{16}$in）、230mm（9in）、280mm（11in）3 种。

135. 油气井口所装的部件有哪些？

答：油气井口所安装的部件自下而上的顺序通常为：套

管头、四通、油管头、闸板防喷器、环形防喷器、防溢管。

136. 选用井控装置应包括哪些内容？

答：(1) 防喷器公称通径的选择；

(2) 防喷器压力等级的选择；

(3) 防喷器的类型和数量的选择；

(4) 控制系统控制点数和控制能力的选择

137. 防喷器的类型如何选择？

答：在井筒中有管柱的情况下应采用半封闸板关井；在井筒中无管柱的情况下应采用全封闸板关井；在封井状态下进行强行起下钻作业宜采用环形防喷器。

138. 防喷器的数量如何选择？

答：通常对于高压油井、气井井口防喷器数量安装多些，以增加对油（气）井压力控制的可靠程度。对于浅井、低压油井井口防喷器数量安装少些，以适应修井周期短、拆装运输简便的要求。

139. 井控装置如何选用？

答：选择时考虑以下几个方面：

(1) 选用井控装置主要是考虑压力级别、通径及使用方便。

(2) 对于小修作业可选择自封封井器、单闸板防喷器、堵塞器等。对于大修作业，可选用单闸板防喷器、旋转防喷器、箭形止回阀等。对于空井筒射孔作业可选用全封闸板防喷器或电缆防喷器。对于需要防上顶作业，也选用手动安全卡瓦、旋转接头、死卡、加压滑轮等辅助工具。

(3) 各种防喷器，在条件允许的情况下，即可单个使用，也可根据不同用途配合使用。

140. 防喷器及控制装置的使用有何要求？

答：(1) 防喷器、防喷器控制台等在使用中，井下作业队要专人检查与保养，保证井控设备处于完好状态。

(2) 正常情况下，严禁将防喷器当采油树使用。

(3) 不连续作业时，井口必须有控制装置；严禁在未打开闸板防喷器的情况下起下管柱作业。

(4) 防喷器的控制手柄都应标识，不准随意扳动。

(5) 防喷器在不使用期间应保养后妥善保管。

141. 防喷器组的检查要点有哪些？

答：(1) 手动操作杆的安装与固定；

(2) 防喷器是否牢固绷紧；

(3) 各处连接是否牢固；

(4) 防喷器液路部分各处密封是否良好；

(5) 防喷器是否处于正确的开关位置；

(6) 防喷器的清洁。

142. 对防喷管汇及放喷管线的检查有哪些要点？

答：(1) 链接和固定情况；

(2) 压力表和截止阀是否齐全、完好；

(3) 各闸阀是否处于正确的开关位置；

(4) 管汇及管线通畅情况；

(5) 长度及方向是否符合规定。

143. 对节流、压井管汇的检查有哪些要点？

答：(1) 各闸阀是否处于正确的开关位置；

(2) 各处连接是否牢固齐全；

(3) 节流、压井管汇的畅通情况；

(4) 节流管汇坑的排水情况；

(5) 清洁情况。

144. 对液气分离器的检查有哪些要点?

答:(1) 仪表是否齐全完好;

(2) 阀手动和气动开关动作情况;

(3) 安全阀能否手动开启和复位;

(4) 分离器排出管是否与循环罐固定牢固;

(5) 设备的清洁情况。

145. 对采油树的保养与应用有何要求?

答:(1) 施工时拆卸的采油树部件要清洗、保养、备用;

(2) 当油管挂坐入大四通后应将顶丝全部顶紧;

(3) 双闸阀采油树在正常情况下使用外闸阀,有两个总闸阀时先用上面的闸阀,备用闸阀保持全开状态,定期向闸腔内注入润滑密封脂;对高压油气井和出砂井不得用闸阀控制放喷器。

146. 防喷器强制报废的通用条件有哪些?

答:符合下列条件之一者,强制报废:

(1) 出厂时间满16年的;

(2) 在使用中发生承压件本体刺漏的;

(3) 被大火烧过而导致变形或承压件材料硬度异常的;

(4) 承压件结构形状出现明显变形的;

(5) 不是密封件原因而致反复试压不合格的;

(6) 法兰厚度最大减薄量超过标准厚度12.5%的;

(7) 承压件本体或钢圈槽出现被流体刺坏、深度腐蚀等情况,且进行过两次补焊修复或不能修复的;

(8) 主通径孔在任一半径方向上磨损量超过5mm,且已经进行过两次补焊修复的;

(9) 承压件本体产生裂纹的;

(10) 承压法兰连接的螺纹孔，有两个或两个以上严重损伤，且无法修复的。

147. 环形防喷器强制报废的条件有哪些？

答：(1) 顶盖、活塞、壳体密封面及橡胶密封圈槽等部位严重损伤或发生严重变形，且无法修复的；

(2) 连接顶盖与壳体的螺纹孔，有两个或两个以上严重损伤且无法修复的（仅对顶盖与壳体采用螺栓连接的结构）；或顶盖与壳体连接用的爪盘槽严重损伤或明显变形的（仅对顶盖与壳体采用爪盘连接的结构）；或顶盖与壳体连接的螺纹，有严重损伤或粘扣的（仅对顶盖与壳体采用螺纹连接的结构）；

(3) 不承压的环形防喷器上法兰的连接螺纹孔，有总数量的 1/4 严重损伤，且无法修复的。

148. 闸板防喷器强制报废的条件有哪些？

答：(1) 壳体与侧门连接螺纹孔有严重损坏且无法修复的；

(2) 壳体及侧门平面密封部位严重损伤，且经过两次补焊修复或无法修复的；

(3) 壳体闸板腔顶密封面严重损伤，且经过两次补焊修复或无法修复的；

(4) 壳体闸板腔侧部和下部导向筋磨损量达 2mm 以上，且经过两次补焊修复或无法修复的；

(5) 壳体内埋藏式油路窜、漏，且无法修复或经两次补焊修复后，经油路强度试验又发生窜、漏的。

149. 防喷器控制装置强制报废的条件有哪些？

答：符合下列条件之一者，强制报废：

(1) 出厂时间满 18 年的；

(2) 主要元件（泵、换向阀、调压阀及储能器）累计更换率超过 50% 的；

(3) 经维修后，主要性能指标仍达不到行业标准 SY/T 5053.2—2007《钻井井口控制设备及分流设备控制系统规范》规定要求的；

(4) 对回库检验及定期检验中发现的缺陷无法修复的；

(5) 主要元器件损坏，无修复价值的，分别报废。

150. 井控管汇总成强制报废的条件有哪些？

答：符合下列条件之一者，强制报废：

(1) 出厂时间满 16 年的；

(2) 使用过程中承受压力曾超过强度试验压力的；

(3) 管汇中阀门、三通、四通和五通等主要部件累计更换率达 50% 以上的。

151. 井控管汇中主要部件强制报废的条件有哪些？

答：符合下列条件之一者，强制报废：

(1) 管体发生严重变形的；

(2) 管体壁厚最大减薄量超过 12.5% 的；

(3) 连接螺纹出现缺损、粘扣等严重损伤的；

(4) 法兰厚度最大减薄量超过标准厚度 12.5% 的；

(5) 法兰钢圈槽严重损伤，且进行过两次补焊修复或不能修复的；

(6) 阀门的阀体、阀盖等主要零件严重损伤，且进行过一次补焊修复或不能修复的；

(7) 管体及法兰、三通、四通、五通、阀体、阀盖等部件经磁粉探伤或超声波探伤检测，未能达到 JB/T 4730.10—2010《承压设备无损检测 第 10 部分：衍射时差法超声检测》中Ⅲ级要求的。

152. 闸板防喷器根据所能配置的闸板数量可分为哪几类?

答：闸板防喷器根据所能配置的闸板数量可分为单闸板防喷器、双闸板防喷器、三闸板防喷器。国内常用的主要有单闸板防喷器与双闸板防喷器。

153. 手动闸板防喷器的型号是怎样命名的?

答：目前我国井下作业用闸板防喷器的规格型号没有统一的标准，通常是制造厂根据井下作业工作要求并参照钻井用防喷器标准设计生产。手动闸板防喷器的规格型号如下所示。

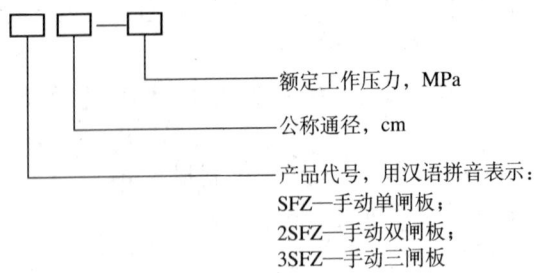

额定工作压力，MPa
公称通径，cm
产品代号，用汉语拼音表示：
SFZ—手动单闸板；
2SFZ—手动双闸板；
3SFZ—手动三闸板

154. 手动闸板防喷器有哪些部分组成?

答：手动闸板防喷器的结构形式多种多样，但基本结构是由壳体、闸板总成、侧门、闸板芯子、手控总成及密封装置等部分组成。

155. 简述手动闸板防喷器开关井动作原理。

答：当人工旋转左右丝杠时，推动与丝杠配合的闸板轴，带动装有橡胶密封件的左右闸板，沿壳体闸板腔分别向井口中心移动，锁紧闸板，实现关井。当人工反方向旋转左右丝杠时,拉动与丝杠配合的闸板轴,带动装有橡胶密封件的左右闸板,向离开井口中心方向运动,实现开井。

156. 简述手动闸板防喷器井压密封原理。

答:闸板的密封过程分为两步:

(1) 在丝杠拧紧力的作用下推动闸板前密封胶芯挤压变形密封前部,顶密封胶芯与壳体间过盈压缩密封顶部,从而形成初始密封;

(2) 在井内有压力时,井压从闸板后部推动闸板前密封进一步挤压变形,同时井压从下部推动闸板上浮贴紧壳体上密封面,从而形成可靠的密封,即井压助封作用。

157. 手动闸板防喷器使用前应做好哪些检查工作?

答:(1) 手动闸板防喷器上井安装前要进行闸板密封试验,合格后方能使用。与井口连接时,各连接件和连接部位应保持干净并涂上润滑油脂,螺栓应对角上紧;

(2) 检查防喷器是否安装正确;

(3) 操作手动控制装置,进行关闭和打开闸板的作业,检查灵活程度,开关无卡阻,轻便灵活方可使用;

(4) 防喷器和井口连接后,整套进行压力试验,检查各连接部位的密封性;

(5) 检查各放喷、压井、节流管汇是否连接好;

(6) 使用时闸板尺寸一定要与所用的管柱尺寸一致;

(7) 保证修井机游动系统、转盘和井口三点呈一直线,并将防喷器固定好,与井口保持同心。防喷器在单独使用时上部应加装保护法兰。

158. 什么是"三懂四会"?

答:三懂四会是指懂工作原理、懂性能、懂工艺流程,会操作、会维护、会保养、会排除故障。

159. 简述手动单闸板防喷器的拆卸程序。

答：(1) 打开侧门；

(2) 取下闸板芯；

(3) 打开小边盖；

(4) 取出丝杠；

(5) 卸去大边盖；

(6) 取下密封填料。

160. 闸板防喷器的维护与保养有何要求？

答：防喷器每服务完三口井或施工周期超过三个月，施工结束后，送回井控车间，进行全面的清理、检查，有损坏的零件及时更换。

(1) 将防喷器各处油污、泥沙清洗干净，拆检；

(2) 检查各处密封橡胶件，如有损坏，及时更换；

(3) 检查各零件，轻微损坏应修复，损坏严重时需更换新零件；

(4) 壳体闸板腔涂防锈油，连接螺纹部分涂螺纹油，轴承部位涂润滑油；

(5) 备用橡胶件应妥善保管并编号注册，按厂家规定有效年限，到期报废。

161. 液压闸板防喷器有什么功用？

答：(1) 当井内有管柱时，可用与管柱尺寸相应的半封闸板封闭井口环形空间；

(2) 当井内无管柱时，可用全封闸板（又称盲板）全封井口；

(3) 当井内有管柱需将管柱剪断并全封井口时，可用剪切闸板迅速剪切管柱全封井口；

(4) 有些液压闸板防喷器的闸板允许承重，可用以悬挂管柱；

(5) 液压闸板防喷器的壳体上有侧孔，可连接管线代替节流管汇循环井内的液体或放喷。但通常不使用壳体侧孔节流或放喷。

162. 简述液压闸板防喷器的结构由哪些部分组成？

答：液压闸板防喷器主要由壳体、侧门、油缸、活塞与活塞杆、锁紧轴、端盖、闸板等部件组成。

163. 液压闸板防喷器的结构按侧门开关方式的不同可分为哪两种形式？

答：按侧门开关方式的不同可以分为以下两种形式：

(1) 旋转侧门式液压闸板防喷器：侧门开关时，可绕着固定在壳体上的铰链座旋转；

(2) 直线运动侧门式液压闸板防喷器：另一种是侧门打开时，侧门沿着位于固定在壳体上的两个侧门开关活塞杆做直线运动。

164. 简述旋转侧门式单液压闸板防喷器的结构。

答：旋转侧门式单液压闸板防喷器主要由缸盖、液缸连接螺栓及螺母、锁紧轴、液缸、活塞、闸板轴、侧门螺栓、侧门、铰链座、壳体、闸板总成等组成，如图2-1所示。

壳体闸板腔体在垂直闸板轴的纵向截面呈矩形。壳体两侧的侧门垂直方向的位置由通过固定在壳体上的铰链座限制，侧门本身由侧门螺栓与壳体连接。缸盖、液缸通过液缸连接螺栓与侧门固定在一起，液缸内的活塞与闸板轴通过活塞锁紧帽固定在一起。闸板轴前端呈"T"型与闸板总成T形槽连接，闸板总成可在闸板轴T形头上沿水平方向滑动。锁紧轴外端连接防喷器手动控制装置。

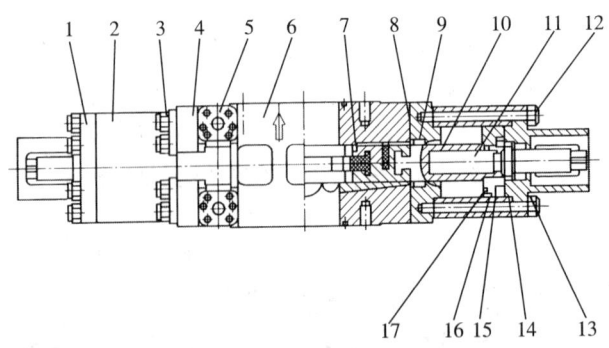

图 2-1 旋转侧门式单液压闸板防喷器

1—缸盖；2—液缸；3—侧门螺栓；4—侧门；5—铰链座；6—壳体；
7—闸板总成；8—侧门密封圈；9—闸板轴密封机构；10—闸板轴；
11—锁紧轴；12—液缸连接螺栓及螺母；13—锁紧轴密封机构；
14—O 形密封圈；15—活塞锁帽；16—活塞密封圈；17—活塞

165．简述直线运动侧门式液压闸板防喷器的结构。

答：直线运动侧门式液压闸板防喷器主要由缸盖、液缸连接螺栓及螺母、锁紧轴、开关闸板液缸及活塞、开关侧门液缸及活塞、闸板轴、侧门螺栓、侧门、壳体、闸板总成等组成，如图 2-2 所示。

壳体闸板腔体在垂直闸板轴的纵向截面呈长圆形。壳体两侧的侧门位置由通过固定在壳体上开关侧门活塞杆限制，侧门本身由侧门螺栓与壳体连接。缸盖、开关闸板液缸及开关侧门液缸，通过液缸连接螺栓与侧门固定在一起，开关闸板液缸内的活塞与闸板轴通过活塞锁帽固定在一起。闸板轴深入壳体内一端为圆柱或四方扁圆形，闸板总成挂在闸板轴上。锁紧轴外端连接防喷器手动控制装置。

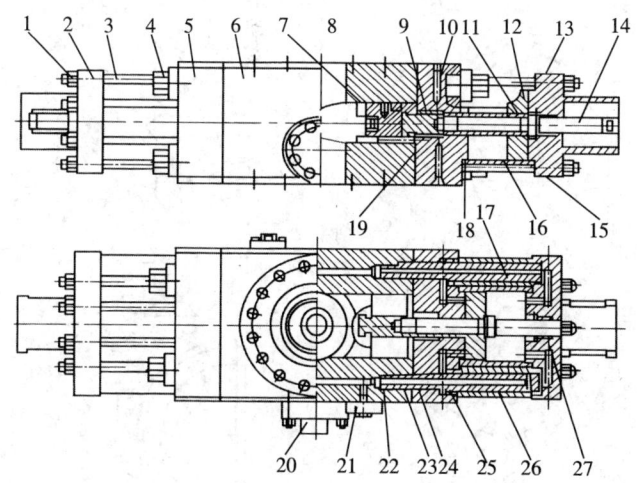

图2-2 直线运动侧门式液压闸板防喷器

1—螺母；2—缸盖；3—液缸连接螺栓；4—侧门螺栓；5—侧门；6—壳体；7—闸板总成；8—闸板轴；9—闸板轴密封机构；10—二次密封机构；11，18，23，24，25—O形密封圈；12—活塞；13—活塞锁帽；14—锁紧轴；15—活塞密封圈；16—液缸；17—开侧门活塞杆；19—侧门密封圈；20—侧法兰；21—液压油进出口油管座；22—关侧门活塞杆；26—开关侧门液缸；27—锁紧轴密封机构

166．闸板的结构由哪几部分组成？如何分类？

答：闸板由闸板体、压块、橡胶胶芯等组成，如图2-3所示。

按闸板的作用可分为半封闸板、全封闸板、剪切闸板。

按闸板的结构可分为双面闸板和单面闸板两种类型。单面闸板又分为组合胶芯式和整体胶芯式两类。

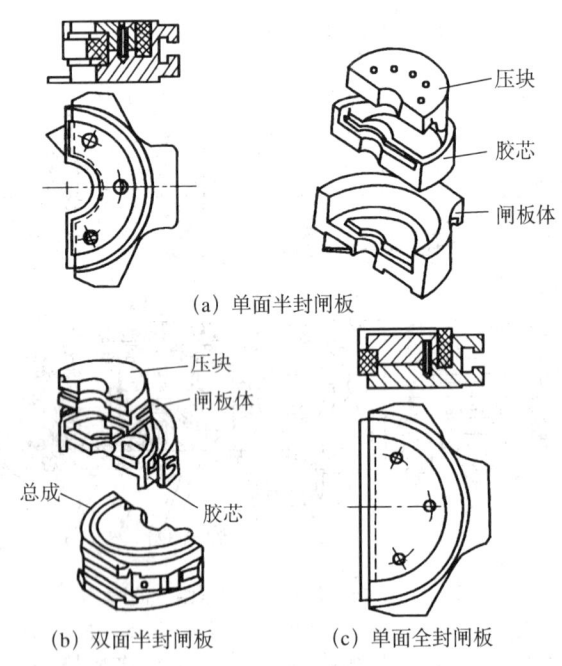

(a) 单面半封闸板

(b) 双面半封闸板　　(c) 单面全封闸板

图 2-3　闸板的类型

167. 简述液压闸板防喷器的工作原理。

答：液压闸板防喷器的关井、开井动作是靠液压实现的，如图 2-4 所示。关井时，来自控制装置的高压液压油进入两侧油缸的关井油腔，推动活塞与活塞杆，使左右闸板总成沿着闸板室内导向筋限定的轨道分别向井筒中心移动，同时，开井油腔里的液压油在活塞推动下，经液控管路流回控制装置油箱，实现关井。开井动作时，高压液压油进入油缸的开井油腔，推动活塞与闸板迅速离开井筒中心，闸板缩入闸板室内；同时，关井油腔里的液压油则经液控管路流回控制装置油箱,从而可以实现开井。

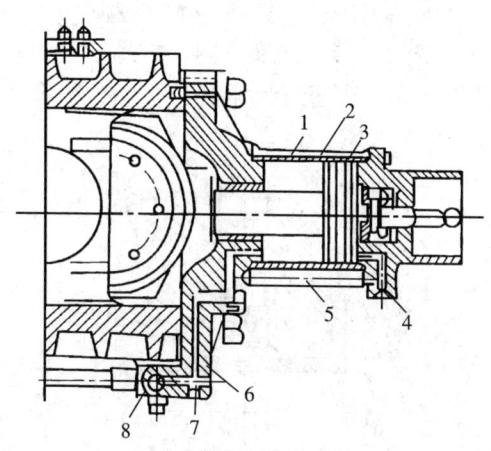

图 2-4 闸板防喷器工作原理
1—活塞杆;2—油缸;3—活塞;4—缸盖;5—油管;6—侧盖;
7—液压油进口;8—绞座

168. 闸板防喷器必须保持哪几处密封才能处于全封闭状态?

答:为了使液压闸板防喷器实现可靠的封井,必须保证四处密封,分别是:闸板前部密封、闸板顶部与壳体的密封、侧门与壳体的密封、侧门腔与活塞杆之间的密封。

169. 活塞杆的一次密封有何特点?

答:液压闸板防喷器的一次密封就是侧门内腔与活塞杆之间的密封装置,用来密封环形空间,保证防喷器正常工作。该密封装置的密封圈分为两组:一组用 W 形组合密封圈封闭井口高压液体,一组用 Y 形密封圈封闭液控高压油。两组密封圈的安装方向相反,只有正确安装才能起到密封作用。

170. 二次密封装置由哪些部分组成？

答：二次密封装置由螺塞、内六方螺钉、单向阀、隔离套、观察孔螺塞和二次密封脂等组成，如图2-5所示。

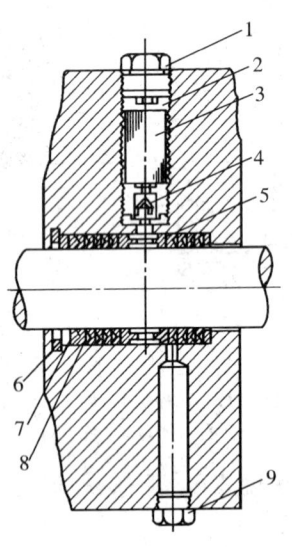

图2-5 活塞杆的二次密封装置

1—螺塞；2—内六方螺钉；3—二次密封脂；4—单向阀；5—隔离套；
6—弹簧卡圈；7—挡盘；8—密封圈；9—观察孔螺塞

171. 闸板防喷器在关井工况，观察孔有流体溢出，说明何处发生了故障？应如何处理？

答：在封井工况下如果观察孔有流体溢出，这说明侧门腔与活塞杆之间的密封圈已损坏。

此时应立即卸下六角螺塞，用专用扳手顺时针旋拧孔内螺钉，迫使棒状二次密封脂通过单向阀、隔离套径向孔进入密封圈的环形间隙。二次密封脂填补空隙后就可使活塞杆的密封得以补救与恢复。

172. 闸板防喷器的活塞杆二次密封装置在使用时应注意哪些问题？

答：(1) 预先填放好二次密封脂，专用扳手妥善存放以免急需时措手不及；

(2) 液压闸板防喷器投入使用时应卸下观察孔螺塞并经常观察是否钻有井液或油液流出；

(3) 密封圈失效后压注二次密封脂不可过量，以观察孔不再泄漏为准；

(4) 开井后应及时打开侧门对活塞杆及其密封圈进行检修。

173. 什么是闸板防喷器的井压助封？

答：(1) 井压对闸板顶部的助封作用：井液压力作用在闸板底部，推举闸板，使闸板顶部与壳体凸缘贴紧。

(2) 井压对闸板前部的助封作用：井液压力也作用在闸板后部，向井筒中心推挤闸板，使前部橡胶紧抱井内管柱。

174. 闸板浮动有什么特点？

答：闸板总成与壳体放置闸板的体腔之间有一定的间隙，同时闸板总成与活塞杆多是通过T形槽连接的，这种设计允许闸板在壳体腔内上下浮动。当闸板处于常开位置时，闸板上部密封橡胶不与闸板室顶部接触。关井后，在井口压力的作用下，闸板上部密封橡胶与壳体的密封凸台贴紧，实现密封。闸板的浮动既保证了密封可靠，减少了橡胶磨损，又减少了闸板移动时的摩擦阻力。

175. 简述闸板防喷器旋转式侧门拆换闸板的操作顺序。

答：(1) 检查远程控制装置上控制该液压闸板防喷器的换向阀手柄位置，使之处于中位；

(2) 拆下侧门紧固螺栓，旋开侧门；

(3) 液压关井，使闸板从侧门腔内伸出；

(4) 拆下旧闸板，装上新闸板，闸板装正、装平；

(5) 液压开井，使闸板缩入侧门腔内；

(6) 在远程控制装置上操作，将换向阀手柄扳回中位；

(7) 旋闭侧门，上紧螺栓。

176. 闸板防喷器旋转式侧门开关应注意哪些事项？

答：(1) 侧门不应同时打开；

(2) 侧门未充分旋开或未用螺栓固紧前，都不许进行液压关井动作；

(3) 旋动侧门时，液控压力油应处于卸压状态；

(4) 侧门打开后，液动伸缩闸板时须挡住侧门；

(5) 更换完防喷器密封部件后，按要求对其进行试压。

177. 简述闸板防喷器直线运动式侧门拆换闸板的操作顺序。

答：(1) 检查远程控制装置上控制该液压闸板防喷器的换向阀手柄位置，使之处于中位；

(2) 拆下两侧门紧固螺栓。用气葫芦或导链分别吊住两侧门；

(3) 液压关井，使两侧门左右移开；

(4) 拆下旧闸板，装上新闸板，闸板装正、装平；

(5) 液压开井，使闸板从左右向中间合拢；

(6) 在远程控制装置上操作,将换向阀手柄扳回中位;
(7) 上紧螺栓;
(8) 对新换闸板进行试压。

178. 液压闸板防喷器的锁紧装置有哪两种形式?

答:液压闸板防喷器的锁紧装置可分为手动锁紧装置和液压自动锁紧装置两种形式。

179. 闸板防喷器的手动机械锁紧装置有什么作用?

答:(1) 当需要长期封井时,液压关井后可采用手动锁紧装置将闸板锁定在关闭位置,然后将液控压力油的高压卸掉,以免长期关井憋漏液控管线;

(2) 控制系统失效时,可以用手动锁紧装置推动闸板关井。

必须注意:手动锁紧装置只能关井不能开井,要开井必须采用液压操作。

180. 手动机械锁紧装置由哪些部分组成?

答:手动机械锁紧装置由锁紧轴、操纵杆、手轮、万向接头等组成。锁紧轴与活塞以左旋梯形螺纹(反扣)连接。锁紧轴外端以万向接头连接操纵杆,操纵杆伸出井架底座以外,其端部装有手轮。

181. 简述闸板防喷器手动锁紧与手动解锁的动作要领。

答:闸板手动锁紧:顺时针旋转两个手轮,到位后再回旋 1/4 ~ 1/2 圈;

闸板手动解锁:逆时针旋转两个手轮,到位后再回旋 1/4 ~ 1/2 圈。

为了确保锁紧轴伸出到位,手轮必须旋够应旋的圈数直到旋不动为止。

182. 闸板防喷器手动锁紧与手动解锁动作时为什么最后手轮应回旋 1/4 ~ 1/2 圈?

答:手轮回旋 1/4 ~ 1/2 圈的目的是使锁紧轴与活塞的连接螺纹间留有适当间隙以存储油液,这样既保证螺纹松动不致卡死又可使下次手动解锁操作省力。

183. 液压闸板防喷器在现场使用时怎样检查机械锁紧情况?

答:液压闸板防喷器关井后,观察锁紧轴的外露端,如果看到锁紧轴的光亮部位露出,锁紧轴外伸较长即可断定为防喷器已机械锁紧,关井操作是正确的;如果看到锁紧轴的光亮部位隐入,锁紧轴外伸较短则可断定为尚未机械锁紧,这种情况一般是不允许的。

184. 液压闸板防喷器液压关井操作步骤是怎样的?

答:(1) 液压关井:远程操作,将远程控制台上控制该防喷器的换向阀手柄迅速扳至关位;

(2) 手动锁紧:要长时间关井时,顺时针旋转两操纵杆手轮,将闸板锁住,手轮转够圈数后再回旋 1/4 ~ 1/2 圈。

185. 液压闸板防喷器液压开井操作步骤是怎样的?

答:(1) 手动解锁:逆时针旋转两操纵杆手轮,使锁紧轴缩回到位,手轮转够圈数后再回旋 1/4 ~ 1/2 圈;

(2) 液压开井:远程操作,将远程控制台上控制该防喷器的换向阀手柄迅速扳至开位。

186. 当液压失效，闸板防喷器采用手动关井时其操作步骤是怎样的？

答：(1) 将远程控制台上控制该防喷器的换向阀手柄迅速扳至关位；

(2) 手动关井：顺时针旋转两操纵杆手轮，将闸板推向井筒中心，手轮被迫停转后再逆时针旋转两手轮各 1/4～1/2 圈；

(3) 操作蓄能器上控制该防喷器的换向阀手柄使之处于中位。

手动关井操作的实质即手动锁紧操作。手动关井也就完成了"手动锁紧"操作。

187. 闸板防喷器手动关井时，蓄能器装置上的换向阀应处于什么工位？为什么？

答：在手动关井前应使蓄能器装置上控制液压闸板防喷器的换向阀处于关位。

原因是使油缸开井油腔里的液压油与油箱连通。当活塞推动闸板向井筒中心运动时，开井油腔里的液压油就可以流回油箱而不致遏止活塞前进。

188. 闸板防喷器能否用于长期关井作业？为什么？

答：闸板防喷器能用于长期关井。

原因是：防喷器液压关井后，采用机械锁紧装置将闸板固定住，然后将液控压力油的高压泄掉，以免长期关井憋漏油管，防止开井失控的误操作事故。

189. 液压闸板防喷器使用前的准备工作有哪些？

答：(1) 检查油路连接管线是否与防喷器所标示的开关

一致；

(2) 检查防喷器安装是否正确，手动锁紧装置是否装全，并在手轮处挂牌标明开关圈数；

(3) 检查手动锁紧机构是否连接并处于解锁位置，手动操作是否灵活好用；

(4) 检查各部位连接螺栓是否拧紧；

(5) 进行全面的试压，检查安装质量。试压后对各处连接螺钉再一次紧固，克服松紧不均现象；

(6) 检查所装闸板芯子尺寸是否与井下管柱尺寸相一致；

(7) 检查各放喷、压井、节流管汇是否连接好。

190. 液压闸板防喷器使用应注意哪些事项？

答：(1) 半封闸板的尺寸应与所用管柱尺寸相对应；

(2) 井中有管柱时切忌用全封闸板关井；

(3) 长期关井应手动锁紧闸板并将换向阀手柄扳至中位；

(4) 长期关井后，在开井以前应首先将闸板解锁，然后再液压开井。未解锁不许液压开井；未液压开井不许上提管柱；

(5) 闸板在手动锁紧或手动解锁操作时，两手轮必须旋转足够的圈数，确保锁紧轴到位；

(6) 液压开井操作完毕应到井口检视闸板是否全部打开；

(7) 半封闸板关井后不能转动管柱；

(8) 半封闸板不准在空井条件下试开关；

(9) 防喷器处于"待命"工况时应卸下活塞杆二次密封装置观察孔处螺塞。防喷器处于关井工况时应有专人负责注意观察孔是否有溢流现象。

191. 配装有环形防喷器的井口防喷器组，在发生井喷紧急关井时操作顺序是怎样的？

答：(1) 先利用环形防喷器关井，其目的是一次关井成功并防止液压闸板防喷器关井时发生刺漏；

(2) 再用液压闸板防喷器关井，其目的是充分利用液压闸板防喷器适于长期关井的特点；

(3) 最后及时打开环形防喷器，其目的是避免环形防喷器长期关井作业。

192. 简述旋转式侧门液压闸板防喷器闸板及闸板密封胶芯的更换步骤。

答：(1) 使手动锁紧装置处于解锁状态；

(2) 用液压油将闸板打开到全开位置；

(3) 将闸板总成从闸板轴尾部水平向外侧拉出。取出闸板总成时，注意保护侧门密封面、闸板和闸板轴，避免磕碰及擦伤；

(4) 更换闸板橡胶件，先向上撬出顶密封，然后向前卸掉前密封，更换新胶芯。装配顺序相应反顺序即可。

193. 旋转式侧门液压闸板防喷器液缸拆卸后应检查哪些部位？

答：(1) 检查液缸内壁：液缸内表面产生纵向拉伤深痕时，即使更换新的活塞密封圈也不能防止漏油，应换新的液缸；

(2) 检查闸板轴，锁紧轴密封面：密封面有拉伤时，判断和处理方法同液缸；

(3) 检查密封圈：应首先检查密封件的唇边有无受伤的磨损情况，以及 O 形密封圈是否挤出切伤等，当发现密封件

有损坏或轻微伤痕时,最好都能予以更换;

(4) 检查活塞:活塞的活动密封面不均匀磨损的深度超过 0.2mm 时,就应更换。

194. 旋转式侧门液压闸板防喷器液缸总成安装应注意哪些事项?

答:安装时依照拆卸的反顺序进行,但要注意以下几点:

(1) 检查零件有无毛刺或尖棱角,如有应去掉,这样才能保证密封圈的唇边不会被刮伤,并注意保持清洁;

(2) 装入密封圈时,密封圈表面要涂润滑油,相对密封面也涂油,以利于装配;

(3) 注意唇形密封圈的方向,唇边开口对着有压力的一方;

(4) 注意使密封圈能顺利地通过螺纹部分,不要刮坏。

195. 简述直线运动式侧门液压闸板防喷器闸板密封胶芯的更换步骤。

答:(1) 手动锁紧装置处于解锁状态;

(2) 卸掉侧门紧固连接螺栓,注意:若防喷器装在井上,井内如有压力时不能拆卸侧门螺栓;

(3) 用小于 5MPa 的压力,操作液控装置的关闭闸板动作,侧门打开到极限位置;将更换闸板工具上紧在壳体的侧门螺栓孔内,调节更换闸板工具的长短,使其顶紧侧门;

(4) 操作液控装置的打开闸板动作,将闸板打开到全开位置;

(5) 将闸板总成从闸板轴尾部向上提出。取出闸板总成时,注意保护开、关侧门活塞杆,避免磕碰及擦伤;

(6) 先撬出顶密封，然后卸掉前密封，更换新胶芯。装配顺序相应反顺序即可。

196．直线运动式侧门液压闸板防喷器液缸拆卸后应检查哪些部位？

答：(1) 检查液缸、油管内壁：液缸、油管内表面产生纵向拉伤深痕时，即使更换新的密封圈也不能防止漏油，应换新的液缸、油管；

(2) 检查闸板轴、锁紧轴、开关侧门活塞杆密封表面：密封表面有拉伤时，判断和处理方法同液缸。如果镀层剥落，将会产生严重漏失，必须更换新件；

(3) 检查密封圈：应首先检查密封件的唇边有无磨损情况，以及O形密封圈有无挤出切伤等，当发现密封件有损坏或伤痕时，要予以更换；

(4) 检查活塞：活塞的活动密封面不均匀磨损的深度超过0.2mm时，就应更换。

197．直线运动式侧门液压闸板防喷器液缸总成安装应注意哪些事项？

答：安装时依照拆卸的反顺序进行，但要注意以下几点：

(1) 检查零件有无毛刺或尖棱角，如有应去掉，这样才能保证密封圈的唇边不会被刮伤，并注意保持清洁；

(2) 装入密封圈时，密封圈表面要涂润滑油，相对密封面也要涂油，以利于装配；

(3) 注意唇形密封圈的方向，唇边开口对着有压力的一方；

(4) 注意使密封圈能顺利地通过螺纹部分，不要刮坏。

198．简述井内介质从壳体与侧门连接处流出的故障产生原因及处理办法。

答：(1) 产生的原因：防喷器侧门密封圈损坏；防喷器侧门螺栓未上紧；防喷器壳体与侧门密封面有脏物或损坏。

(2) 排除方法：更换损坏的侧门密封圈；紧固该部位全部连接螺栓；清除密封面脏物，修复损坏部位。

199．简述闸板移动方向与控制台铭牌标志不符的故障产生原因及处理办法。

答：(1) 产生的原因：控制台与防喷器连接管线接错。

(2) 排除方法：倒换防喷器油路接口的管线位置。

200．简述液控系统正常，但闸板关不到位的故障产生原因及处理办法。

答：(1) 产生的原因：闸板接触端有其他物质或砂子、钻井液块的淤积。

(2) 排除方法：清洗闸板及侧门。

201．简述井内介质窜到油缸内的故障产生原因及处理办法。

答：(1) 产生的原因：闸板轴密封圈损坏；闸板轴变形或表面拉伤。

(2) 排除方法：更换损坏的闸板轴密封圈；修复损坏的闸板轴。

202．简述防喷器液动部分稳不住压、侧门开关不灵活的故障产生原因及处理办法。

答：(1) 产生的原因：防喷器液缸、活塞、锁紧轴、油管、开关侧门活塞杆密封圈损坏；密封表面损伤；

(2) 排除方法：更换各处密封圈；修复密封表面或更换新件。

203. 简述侧盖铰链连接处漏油的故障产生原因及处理办法。

答:(1) 产生的原因:密封表面拉伤;密封圈损坏;

(2) 排除方法:修复密封表面;更换密封圈。

204. 简述闸板关闭后封不住压的故障产生原因及处理办法。

答:(1) 产生的原因:闸板密封胶芯损坏,壳体闸板腔上部密封面损坏;

(2) 排除方法:更换闸板密封胶芯,修复壳体闸板腔密封面。

205. 简述控制油路正常,用液压打不开闸板或侧门的故障产生原因及处理办法。

答:(1) 产生的原因:闸板被泥砂卡住;

(2) 排除方法:清除泥砂,加大液控压力。

206. 简述防喷器密封橡胶件的存放条件。

答:(1) 必须存放在光线较暗且又干燥的室内,温度 0~25℃,避免靠近取暖设备,禁止阳光直射;

(2) 不能有腐蚀性物质溅到橡胶件上;

(3) 橡胶件应远离高压带电设备,因为这些设备可能产生臭氧;

(4) 应使橡胶件在松弛状态下存放,不能弯扭,挤压和悬挂;

(5) 经常检查,如发现有变脆、龟裂、弯曲、出现裂纹者不可使用;

(6) 储存期为2年。

207. 环形防喷器有什么功用?

答:(1) 能有效封闭不同形状、不同尺寸管柱及电缆等环形空间（简称为封环空）；

（2）当井内无管柱时能全封井口（简称为封零）。

（3）使用18°台肩的对焊钻杆接头，能进行强行起下钻作业（又称不压井起下钻作业）；

环形防喷器的功能是较为全面的，能适应井口的多种工况迅速关井。

208．环形防喷器按胶芯形状的不同可分为哪几类？

答：环形防喷器按其胶芯的形状可分为锥型胶芯环形防喷器、球形胶芯环形防喷器、组合胶芯环形防喷器。

209．简述锥形胶芯环形防喷器的结构。

答：锥形胶芯环形防喷器的结构主要由顶盖、防尘圈、胶芯、活塞、支撑筒、壳体等组成，如图2-6所示。

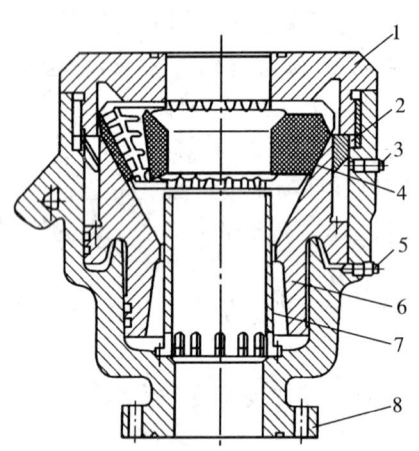

图2-6 锥型胶芯环形防喷器结构
1—顶盖；2—防尘圈；3—油塞；4—胶芯；5—油塞；
6—活塞；7—支持筒；8—壳体

顶盖与壳体螺纹连接。支承筒用螺栓固定在壳体下部台阶上，胶芯坐在支承筒上。活塞上部内腔呈倒截锥形，与锥形胶芯配合。锥形胶芯中均匀分布有铸钢支承筋。壳体与顶盖间装有防尘圈。防尘圈与活塞凸肩所构成的环形空间为上油腔，活塞凸肩与壳体凸肩所构成的环形空间为下油腔。两油腔皆有油管接头与液控系统管路连接。

210. 简述锥形胶芯环形防喷器的工作原理。

答：环形防喷器的关井、开井动作是靠液压实现的。

关井时，液压油进入下油腔（关井油腔），推动活塞迅速向上移动。胶芯受顶盖的限制不能上移，在活塞内锥面的作用下被迫向井筒中心挤压、紧缩、环抱管柱，封闭井口环形空间。同时，上油腔内的液压油流回油箱。

开井时，液压力油进入上油腔（开井油腔），推动活塞迅速向下移动。活塞对胶芯的挤压力迅速消失，胶芯靠本身弹性恢复原状，井口全开。同时，下油腔里的液压油流回油箱。

211. 简述锥形胶芯环形防喷器胶芯的特点。

答：(1) 胶芯外形呈截锥状，锥度40°。支承筋为铸钢件，在胶芯中沿径向均匀分布并与橡胶硫化在一起。支承筋数为12～30块。

(2) 胶芯更换方便；

(3) 胶芯寿命可以在现场进行检测。

212. 环形防喷器的井压助封是怎么回事？能单纯靠井压封井吗？

答：环形防喷器在关井动作以及关井后，井口高压流体作用在活塞底部有助于推动活塞向上移动，迫使胶芯向中心收拢，促使胶芯密封更紧密，增加密封的可靠性，从而降低了所需的液控压力，加强了胶芯的封井作用，这就是所谓井压助封作用。

井口高压流体仅起"助"封作用而已,不能单纯靠井压来封井。

213. 锥形胶芯环形防喷器在现场更换胶芯的方法有哪些?

答:(1)井内无管柱时,打开顶盖取出已磨损的胶芯,放入新胶芯,紧固好顶盖即可;

(2)井内有管柱时,可采用切割法更换胶芯,新胶芯虽有刀割切口,但只要切口规矩平整仍能有效地封井。

214. 简述球形胶芯环形防喷器的结构。

答:球形胶芯环形防喷器由顶盖、壳体、防尘圈、活塞、胶芯等构成。顶盖与壳体采用螺栓紧固连接。胶芯呈半球形,铸钢支承筋径向均布。顶盖内腔为球面。活塞半剖面呈"Z"字形,如图2-7所示。

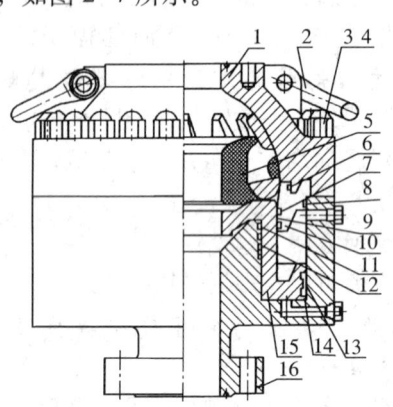

图2-7 球形胶芯环形防喷器
1—顶盖;2—吊环;3—螺母;4—螺栓;5—球形胶芯;6、8—O形密封圈;
7,11,14—U形密封圈;9,12,13—耐磨圈;10—防尘圈;
15—活塞;16—壳体

215. 简述球形胶芯环形防喷器的工作原理。

答：关井时，下油腔（关井油腔）里的压力油推动活塞迅速向上移动，胶芯被迫沿顶盖球面内腔自下而上，自外缘向中心挤压、收拢、变形，从而实现封井。开井时，上油腔（开井油腔）里的压力油推动活塞向下移动，胶芯所承受挤压力消失，在橡胶弹力作用下迅速恢复原状，井口打开。

216. 简述球形胶芯环形防喷器胶芯的特点。

答：(1) 胶芯呈半球形，它是由沿半环面呈辐射状的弓形支承筋与橡胶硫化而成；

(2) 不易翻胶；

(3) 具有漏斗效应；

(4) 橡胶储备量大；

(5) 井压助封；

(6) 胶芯寿命长。

217. 什么是球形胶芯环形防喷器的漏斗效应？

答：球形胶芯在关井时，胶芯变形使其上部集聚橡胶较多，中部集聚橡胶较少，下部橡胶并未挤向中心，形成倒置漏斗状。更增强了井压助封的作用，而且使钻杆接头易于进入胶芯。球形胶芯封井时所形成的漏斗现象与其效果就是通常所说的"漏斗效应"。

218. 什么是球形胶芯环形防喷器的井压助封？

答：在关井时，作用在活塞内腔上部环形面积上的井压向上推活塞，促使胶芯密封更紧密，增加密封的可靠性，称为井压助封。

219. 球形胶芯环形防喷器和锥形胶芯环形防喷器在外形上有什么不同？

答：球形胶芯环形防喷器的结构为高度略低，直径稍大的"矮胖"形。而锥形胶芯环形防喷器的结构为高度较大，直径较小的"瘦高"形。

220．环形防喷器为什么不能用于长期关井？

答：(1) 环形防喷器的胶芯在长时间的挤压作用下会加速橡胶老化变脆、降低使用寿命。

(2) 环形防喷器无机械锁紧装置，在封井过程中必须始终保持高压油作用在活塞上，亦即液控管路中必须始终保持有高压油，管路长期处于高压工况下极易憋漏，进而导致井口失控。

221．如果闸板防喷器整体颠倒安装能否有效密封？为什么？

答：不能。如果闸板防喷器整体颠倒安装就不能实现闸板顶部与壳体的密封。

222．简述环形防喷器封闭不严的原因及处理方法。

答：(1) 若胶芯关不严，可多次活动解决；支承筋已靠拢仍封闭不严，则应更换胶芯；

(2) 对有脱块、严重磨损的旧胶芯并可能影响胶芯正常使用时，则应更换胶芯；

(3) 若打开过程中长时间未关闭使用胶芯，使杂质沉积于胶芯沟槽及其他部位，应清洗胶芯，并按规定活动胶芯。

223．简述环形防喷器关闭后打不开的原因及处理方法。

答：由于长时间关闭后，胶芯产生永久变形老化或固井后胶芯下有凝固水泥浆而造成的。在这种情况下，只有清洗或更换胶芯。

224. 简述环形防喷器开关不灵活的原因及处理方法。

答：(1) 所有管线在连接前，应用压缩空气吹扫，接头要清洗干净。若液控管线漏失，立即更换。

(2) 油路有漏失，防喷器长时间不活动，有脏物堵塞等，均会影响开关的灵活性，所以必须按操作规程执行，立即清除。

225. 简述环形防喷器在使用中应注意哪些事项？

答：(1) 环形防喷器在现场安装后一般不做封零试验，但应按规定做封环空试验；

(2) 按有关规定试关防喷器检查封井效果，发现胶芯失效或其他问题，应立即更换处理；

(3) 不许长期关井作业；

(4) 防喷器处于封井状态时，允许慢速上下活动管柱，但不允许旋转管柱；

(5) 严禁用微开环形防喷器的办法泄降套压；禁将环形防喷器当做刮泥器使用；

(6) 封井强行起下作业时，只能通过具有18°坡度的对焊钻杆接头；

(7) 每次打开后，必须检查胶芯是否全开，以防挂坏胶芯；

(8) 防喷器的开、关应使用符合标准的液压油，并注意保持其清洁；

(9) 封井液控油压不应过大，液控油压最大不允许超过15MPa。通常，封井液控油压不超过10.5MPa；

(10) 胶芯备件应妥善保管。

226. 井下作业井控装备中，环形防喷器需配备哪些设施？

答：（1）液压控制装置；

（2）连接到防喷器上端开启口的控制管线；

（3）连接到防喷器下端关闭口的控制管线；

（4）若进行强行起下管具作业，还应配备缓冲储能器，并且储能器需预充一定压力的氮气；

（5）为适应各种场合下调节液压控制压力的调压器。

227. 简述强行起下管柱的操作程序。

答：（1）先以 10.5MPa 的液压关闭防喷器；

（2）逐渐减小关闭压力，直到有些轻微渗漏，然后进行起下管柱作业。

（3）若起下管柱时不允许有渗漏，那么液控压力应调节到刚好满足密封为止；

（4）当关闭压力达到 10.5MPa 时，胶芯仍漏失严重，说明该防喷器胶芯已严重损坏，应及时处理后在进行强行起下作业。

228. 简述球形胶芯的更换步骤。

答：（1）卸掉顶盖与壳体的连接螺栓与螺母，吊起顶盖，在球形胶芯上拧入吊环螺钉，吊出球形胶芯；

（2）若井口有管具时，应先用割胶刀将新胶芯从一侧任意两个支撑筋之间割开，割面要平整；

（3）将旧胶芯割开、吊出，换上割开的新胶芯。

229. 简述防尘圈与活塞的拆卸步骤。

答：先卸掉壳体进、出油口上的丝堵（或管线），然后拆掉顶盖、胶芯（依上面的程序），在支撑圈内拧入吊环螺钉，平稳吊出支撑圈；在活塞上拧入吊环螺钉，将活塞平稳吊出。

230．简述球形胶芯及锥形胶芯螺栓连接环形防喷器的装配步骤。

答：(1) 检查防尘圈、活塞和壳体上的耐磨圈，若有损坏或严重磨损，则应进行修理，重新粘贴加工；

(2) 检查防尘圈、活塞和壳体上的密封圈，若有损坏、老化应进行更换；

(3) 用机械油润滑壳体内表面，活塞及支持圈表面；

(4) 将活塞吊装入壳体；

(5) 将支持圈装入壳体；

(6) 用防水黄油润滑顶盖内表面及活塞支撑面，连接螺栓涂螺纹油；

(7) 将胶芯装于活塞顶部；

(8) 将顶盖装入；

(9) 将顶盖与壳体连接螺栓拧紧；

(10) 壳体的进、出油口拧入丝堵，防止脏物进入。

231．简述锥形胶芯爪块连接环形防喷器的拆卸步骤。

答：(1) 胶芯的更换：拧紧爪盘支护螺钉，然后松开爪盘螺钉，将爪盘退出顶盖，进入壳体环槽中，卸掉壳体进出打开腔及关闭腔油口上的丝堵或管线；平稳地吊出顶盖；

(2) 在胶芯上拧入吊环螺钉，吊出胶芯。若井内有管具时，应先用锋利的割胶刀将新胶芯从一侧任意两个支撑筋之间割开，割面要平整；同样，将旧胶芯割开，吊出，换上割开的新胶芯；

(3) 防尘圈的拆卸：拆掉胶芯后，在防尘圈上拧入吊环螺钉，平稳吊出防尘圈；

(4) 活塞的拆卸：拆掉防尘圈后，在活塞上拧入吊环螺钉，平稳吊出活塞。

232. 简述锥形胶芯爪块连接环形防喷器的装配步骤。

答：(1) 检查各密封件有无损坏，若有则更换；

(2) 用机械油润滑壳体内表面，活塞、防尘圈及爪盘涂润滑脂；

(3) 将支撑筒装入壳体内，拧紧连接螺栓；

(4) 将活塞平稳装入壳体内；

(5) 将防尘圈平稳装入壳体与活塞组成的环行空间内；

(6) 将胶芯装入，将顶盖装入；

(7) 用调节螺钉及顶盖夹头压下顶盖；

(8) 松开爪盘支护螺钉，将爪盘螺钉拧紧；

(9) 将爪盘支护螺钉拧紧，然后再将其松开一圈；

(10) 将壳体的进出油口用丝堵堵上（防止异物进入）。

233. 旋转防喷器的型号是怎么命名的？

答：旋转防喷器的命名如下所示。

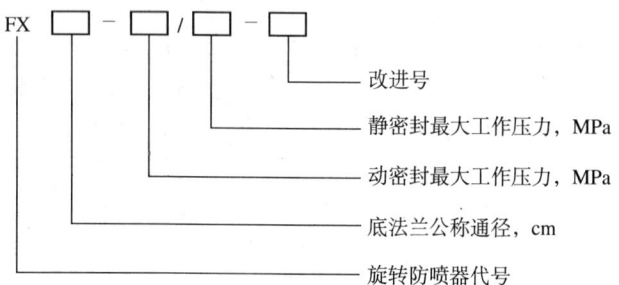

234. 简述旋转防喷器的结构组成。

答：旋转防喷器主要由外壳与旋转总成两部分组成，如

图 2-8 所示。旋转总成主要由密封胶芯、中心管、推力圆柱滚子轴承、深沟球轴承等零部件组成,旋转防喷器的中心管是靠深沟球轴承扶正于壳体腔内,而推力圆柱滚子轴承承受双向作用力,可防止中心管上下窜动。

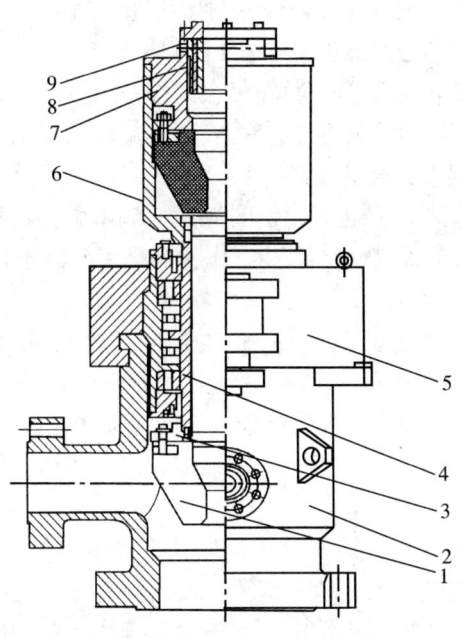

图 2-8 FX18-10.5/21 旋转防喷器结构图

1—胶芯;2—壳体;3—下胶芯座;4—旋转总成;5—卡箍总成;6—旋转筒;
7—上胶芯座;8—补心;9—钻杆驱动器

235. 简述旋转防喷器的工作原理。

答:当井喷发生后用闸板防喷器封住管柱,关闭井内压力。如仍需进行负压作业时,则可以打开放喷闸阀,使井内压力下降到旋转防喷器的允许工作压力下,接好井口工具,打开闸板防喷器，使旋转防喷器承受井口压力，这时管柱穿过旋转防喷器，密封胶芯将钻杆包紧实现密封。井内油、气增加密封胶芯的自封能力，使密封更加可靠。当钻进时，钻杆通过防喷器的补芯带动中心管转动，从而实现负压作业，当需要接单根或起下钻时，密封胶芯能起到密封作用。

236. 简述旋转防喷器的安装方法。

答：旋转防喷器一般安装在井控系统的最上部，如需安装防顶装置则将手动安全卡瓦安装在旋转防喷器的上部。如果要单独使用旋转防喷器，应通过配合三通将旋转防喷器与井口连接起来。安装时，钢圈应涂抹润滑脂，连接螺栓应对角上紧。安装完毕后，对井口作一次静密封试压，稳压5min不刺不漏为合格。

237. 简述旋转防喷器下钻作业的操作。

答：将旋转总成放在钻台支架上，将管柱下部接上引锥，下放管柱使引锥和管柱插入旋转总成并通过胶芯。

将带旋转总成的管柱从支架中提出，卸掉引锥，管柱下部接上钻头。

卸掉转盘大方瓦，经转盘通孔下放带旋转总成的管柱，使总成坐在壳体上，装好卡箍，放入转盘大方瓦，打开闸板防喷器全封闸板，按正常下钻作业将管柱下到井底，如需强行下钻作业，应带上加压装置，强行下钻，当管柱靠自重能克服上顶力，自由下落时，去掉加压装置，按正常下钻作业进行下钻，直到下完管柱。

238. 简述旋转防喷器旋转作业的操作。

答：当管柱下到预计井深后，接上方钻杆，同时将方瓦装入旋转防喷器中心管补心的方孔中，转盘方孔装好方补心，打开节流管汇上的液动平板阀，开泵循环，保持井口压力在 10.5MPa 以下，开启冷却水循环，即可进行旋转作业。

239．简述旋转防喷器起钻作业的操作。

答：起钻作业与下钻作业操作顺序相反。当井内压力作用在管柱上的上顶力略小于管柱重量时仍需带上加压装置起钻。当钻头起至闸板防喷器与胶芯之间时，先关闭全封闸板，打开旋转防喷器壳体上的卸压塞卸压，当压降为零后，将管柱与旋转总成一起提，然后卸掉管柱。

240．简述旋转防喷器更换胶芯的操作。

答：卸掉卡箍，将旋转总成从壳体中起出放在支架上，卸去胶芯固定螺栓，取下胶芯更换所需尺寸胶芯。组装是按相反步骤进行。如果是带压作业中途更换胶芯，就应首先关闭半封闸板，必要时带上加压装置，打开卸压塞将压力卸去后，拆掉卡箍，上提管柱，提出旋转总成，卸下旋转总成，将旋转总成放在支架上，更换胶芯，按照下钻作业操作顺序将旋转总成重新装如壳体内。

241．旋转防喷器使用应注意哪些事项？

答：(1) 在使用旋转防喷器前应检查卸压塞是否拧紧；

(2) 必需使用带 18°斜坡的光滑无毛刺钻杆进行起下作业；

(3) 钻头、钻铤及大尺寸底部管柱不得通过旋转头。钻铤上第一根钻杆接头通过胶芯时，必须使用引锥；

(4) 井口必须校正，保证井架中心、转盘中心、旋转防喷器中心成一条直线，误差小于 10mm，防止起下过程中碰挂；

(5) 在井口压力超过其动密封压力的情况下施工，不可将旋转防喷器当半封单闸板使用，以免将旋转防喷器的密封件刺坏；

（6）为保护旋转防喷器的轴承及密封件，工作时必须不停地进行润滑冷却；

（7）在旋转作业时，出现轴承部位或V形密封填料部位温度很高，应停止工作进行检查，及时修理或更换有关零件。

242. 旋转防喷器的日常维护保养内容有哪些？

答：（1）旋转防喷器的易损件有密封件和胶芯。在每次取出旋转总成时，可检查O形密封圈有无损坏，如有损坏应及时更换；对于V形密封圈也应同时进行检查。

（2）在累计工作7天后，应对轴承加注一次锂基润滑脂。

（3）起下钻时，应在管柱与旋转防喷器中心管之间加润滑剂，如肥皂水等。

（4）除对易损件进行随时检查更换外，应在每修完一口井后，对该设备进行一次全面检修。

243. 简述旋转防喷器检修时的拆卸步骤。

答：检修旋转防喷器时应按表2-1步骤拆卸（组装步骤与拆装相反）。

表2-1 旋转防喷器检修时的拆卸步骤

序号	拆卸步骤	检查注意事项
1	拆去卡箍	检查壳体及卡箍，循环水接头，卸压塞
2	提出旋转总成	检查各密封件
3	拆掉旋转胶芯	检查胶芯及连接件
4	拆掉悬挂接头	检查悬挂接头及连接部位
5	拆下V形密封压环	检查压环

续表

序号	拆卸步骤	检查注意事项
6	拆掉上压盖	检查上压盖及旋转防喷器上部位置
7	提中心管	
8	拆去轴承上下压盖	
9	卸下轴承	检查中心管，上下压盖及轴承
10	取出V形密封填料	检查V形密封填料及密封压环支承环等零件
11	取出各部位O形圈	检查O形圈
12	将各零件清洗干净，并将壳体清洗干净	将损坏零件更换，将各零件涂上润滑脂，将零件使用情况进行记录，以备在遇到故障时及时判断处理

244. 控制装置有什么作用？

答：(1) 预先制备与储存足够的压力油；

(2) 控制压力油的流动方向，使防喷器得以迅速开关动作；

(3) 调整油压大小。

245. 控制装置由哪些部分组成？

答：控制装置由远程控制装置（远程控制台或远控台）、遥控装置（司钻控制台）以及辅助遥控装置（常称辅助控制台）组成。

246. 远程控制台由哪些部分组成？

答：远程控制台是由油泵、蓄能器组、控制阀件、输油管线、油箱等元件组成。通过操作三位四通转阀（换向阀）可以控制压力油输入防喷器油腔，直接使井口防喷器实现开关。

247. 什么是遥控装置？

答：遥控装置是使远程控制装置上的换向阀动作的遥控系统，间接使井口防喷器开关动作。遥控装置安装在钻台上司钻岗位附近。

248. 什么是辅助遥控装置？

答：辅助遥控装置安置在值班房或队长房内，作为应急的遥控装置备用。一般修井作业没有遥控装置和辅助遥控装置。

249. 氮气备用系统有何作用？

答：氮气备用系统可为控制管汇提供应急辅助能量。如果蓄能器或泵装置不能为控制管汇提供足够的动力液，可以使用氮气备用系统为管汇提供高压气体，以便关闭防喷器。

250. 压力补偿装置有何作用？

压力补偿装置是控制装置的配套设备，可以减少环形防喷器胶芯的磨损，同时也会在过接头后使胶芯迅速复位，确保作业安全。

251. 控制装置有哪些类型？常用的是哪一种？

答：控制装置有三种类型，即液控液型、气控液型、电控液型。

由于气控液型比液控液型的信号传输快，且安全、经济、无污染，所以现场常用的是气控液型。

252. 什么是液控液型控制装置？

答：是利用司钻控制台上的液压换向阀，将控制液压油经管路输送到远程控制台上，使控制防喷器开关的三位四通转阀换向，将蓄能器的高压液压油输入防喷器的液缸，开关防喷器。

253. 什么是气控液型控制装置？

答：是利用司钻控制台上的气阀，将压缩空气经空气管缆输送到远程控制台上，使控制防喷器开关的三位四通转阀换向，将蓄能器高压油输入防喷器的液缸，开关防喷器。

254. 什么是电控液型控制装置？

答：是利用司钻控制台上的电按钮或触摸面板发出电信号，电操纵三位四通转阀换向而控制防喷器的开关。电控液型又可分为电控气—气控液和电控液—液控液型两种。

255. 防喷器控制装置的型号是如何命名的？

答：防喷器控制装置的型号规定如下所示。

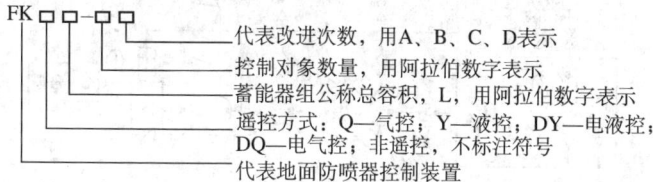

例如，FKQ400-5A 表示气控液型，蓄能器公称总容积为400L、5个控制对象、第一次改型的防喷器控制装置。

256. 解释控制装置FK2403型号的含义。

答：FK——地面防喷器控制装置；

240——蓄能器公称总容积：240L；

3——控制对象数量：3个，即可控制环形防喷器、半封液压闸板防喷器、全封液压闸板防喷器。

257. 井口防喷器开关动作，何时在遥控装置上操作？何时在远程控制台上操作？

答：井口防喷器开关动作通常是由司钻在钻台上遥控指挥，只是在气控失效或井口严重井喷，钻台上不能容人时才在远程控制台上操作。

258. 简述液压能源的制备、储存与补充原理。

答：如图 2-9 所示，油箱里的液压油经进油阀、滤清器进入电泵或气泵，电泵或气泵将液压油升压并输入蓄能器储存。当蓄能器钢瓶中的油压升至 21MPa 时，电泵或气泵停止运转。当钢瓶里的油压降低至设定值时，电泵或气泵即自动启动往钢瓶里补充压力油。这样，蓄能器的钢瓶里将始终维持所需的压力油。

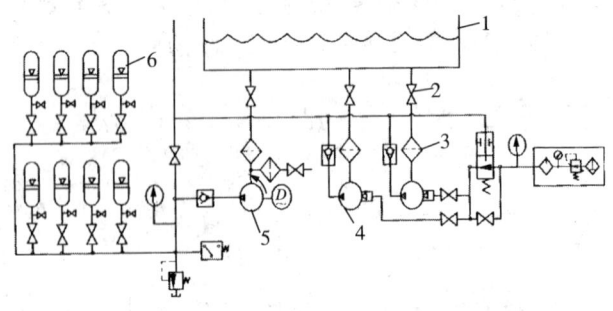

图 2-9 控制装置的液控流程——液压能源的制备

1—油箱；2—进油阀；3—滤清器；4—气泵；5—电泵；6—蓄能器

259. 简述压力油的调节与其流动方向的控制原理。

答：如图 2-10 所示，蓄能器钢瓶里的压力油进入控制管汇后分成两路：一路经气动减压阀将油压降至 10.5MPa，然后再输至控制环形防喷器的换向阀（三位四通换向阀）；另一路经手动减压阀将油压降为 10.5MPa 后再经旁通阀（二位三通换向阀）输至控制液压闸板防喷器与液动阀的转阀（三位四通换向阀）管汇中，操纵换向阀的手柄就可实现相应防喷器的开关动作。

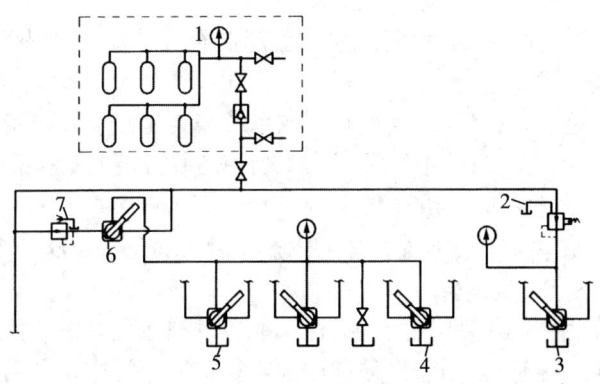

图 2-10 控制装置的液控流程——压力油的调节与流向的控制

1—氮气备用系统；2—气手动减压阀；3—控制环形防喷器三位四通转阀；
4—控制闸板防喷器三位四通转阀；5—控制液动阀三位四通转阀；
6—旁通阀；7—手动减压阀

当 10.5MPa 的压力油不能推动液压闸板防喷器关井时，可操作旁通阀手柄使蓄能器里的高压油直接进入管汇中，利用高压油推动闸板。

260. 压力控制器的上限和下限调定压力各是多少？如何控制？

答：压力控制器上限压力调整为 21MPa，下限压力调整为 19MPa。

当蓄能器油压升到 21MPa 时，压力控制器自动切断电源，电泵停止工作；当蓄能器油压降到 19MPa 时，压力控制器自动接通电源，电泵启动运转。从而使蓄能器里液压油的油压始终保持在 19～21MPa 范围内。

261. 远程控制台上泵组,什么时候使用电泵工作?什么时候使用气泵工作?

答:(1) 控制系统正常给蓄能器补充油压时使用电泵,电泵是主泵;

(2) 当电路故障或检修,或系统需要超出电泵额定工作压力的压力时,使用气泵工作;当控制装置需要制备 21MPa 以上的高压油时启用气泵。

262. 闸板防喷器关井动作时,正常压力油推不动闸板,怎么办?

答:当 10.5MPa 的压力油不能推动闸板关井时,可操作旁通阀手柄使蓄能器里的高压油直接进入管汇中,利用高压油推动闸板。

263. 气控液型控制装置,其遥控装置上的气源总阀与空气换向阀的手柄为什么都设计有弹簧自动复位机构?

答:设计有弹簧自动复位机构可以使操作者动作完毕松手后,空气换向阀自动恢复中位,远程控制台上二位汽缸里的压缩空气立即溢入大气,因此远程控制台上的换向阀随时可以手动操作。这样就可以保证遥控装置和远程控制台对井口防喷器的独立控制,互不干涉。

264. 气控液型控制装置,其遥控装置上只需装设空气换向阀即可实施遥控,为什么还要加设气源总阀?

答:这样设计为了使操作者在遥控装置上同时操作气源总阀与换向阀时,才能对远程控制台实施遥控。避免了偶然碰撞、扳动空气换向阀手柄而引起井口防喷器误动作事故。

265. 蓄能器有什么作用？

答：蓄能器用以储存足够的高压油，为井口防喷器、液动阀动作时提供可靠油源。

266. 简述蓄能器钢瓶的结构组成。

答：蓄能器钢瓶是由瓶体、胶囊、充气阀、开关阀和护帽等组成，如图 2-11 所示。胶囊中预充 7MPa 的氮气。

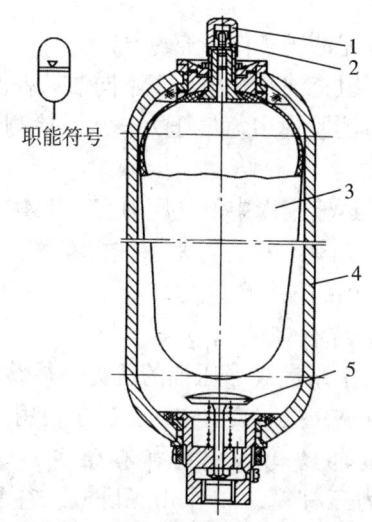

图 2-11 蓄能器的结构图

1—护帽；2—充气阀；3—胶囊；4—钢瓶；5—开关阀

267. 简述蓄能器的工作原理。

答：利用蓄能器胶囊中氮气的压缩、膨胀来储存和释放能量。

268. 简述蓄能器钢瓶的主要技术规范。

答：(1) 单瓶公称容积：40L；

(2) 胶囊充氮压力：(7±0.7) MPa；
(3) 钢瓶设计压力：31.5MPa；
(4) 蓄能器额定工作压力：21MPa；
(5) 蓄能器规格不同的，其排液量也不同。

269. 蓄能器钢瓶现场使用应注意哪些事项？

答：(1) 钢瓶胶囊中只能预充氮气，不应充压缩空气，绝对不能充氧气。

(2) 必须在无油压条件下充氮气。

(3) 蓄能器组充油并升压后，不向油箱补油。

(4) 每月检测胶囊中氮气压力一次。检测前应首先泄掉钢瓶里的压力油。

(5) 长距离运输胶囊中氮气压力宜在 1MPa。

(6) 现场无充氮工具时可采取往蓄能器里充油升压的方法检测钢瓶胶囊中的氮气预充压力。

270. 电泵有什么作用？

答：电泵是用来提高液压油的压力，往蓄能器里输入与补充压力油。电泵在控制装置中作为主泵使用。

271. 电泵的结构由哪些部分组成？

答：电泵为三柱塞、单作用、卧式、往复油泵，主要由液力端和动力端组成，由三相异步防爆电动机驱动，如图 2-12 所示。

272. 简述电泵的工作原理。

答：电动机通过节距为 19mm (3/4in) 的双排滚子链条驱动电动机动力端的曲轴，曲轴的旋转运动经连杆、十字头转变为拉杆与柱塞的水平往复运动。柱塞向后运动时，吸入阀进油；柱塞向前运动时，排出阀排油。电泵无缸套，柱塞即活塞。液力端有柱塞密封装置。

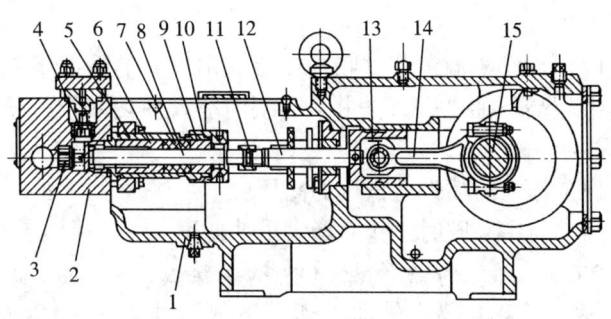

图 2-12 电泵结构示意图

1—动力端；2—液力端；3—吸入阀；4—排出阀；5—密封圈套筒；6—衬套；
7—密封圈；8—柱塞；9—压套；10—压紧螺帽；11—连接螺帽；12—拉杆；
13—十字头；14—连杆；15—曲轴

273．电泵现场使用应注意哪些事项？

答：(1) 电源应专线供电，以免在紧急情况下井场电源被切断而影响电泵正常工作；

(2) 电源电压应保持380V，电压过低将影响电泵的正常补油工作；

(3) 控制装置投入工作时电泵的启停应由压力控制器控制；

(4) 电动机接线时应保证曲轴按逆时针方向旋转；

(5) 曲轴箱、链条箱注入20号机油并经常检查油标高度，机油半年换油一次；

(6) 柱塞密封装置中的密封圈应松紧适度。通常使该处每分钟滴油5～10滴；

(7) 拉杆与柱塞应正确连接。

274．气泵有什么作用？

答：(1) 在电泵失效、井场停电或不允许用电时，代替电泵工作；

（2）在发生溢流、井喷使闸板遇阻较大的情况下能为系统提供超高压油来强行关井，必要时驱动剪切闸板防喷器剪断钻具；

（3）作为防喷设备试压的高压源；

（4）与主泵同时工作，增大供油速度。

275. 气泵的结构由哪些部分组成？

答：气泵上部为气动马达，下部为抽油泵。气动马达由钻机气控系统制备的压缩空气驱动。抽油泵为单柱塞、立式、往复油泵。

276. 为什么汽缸与油缸内腔断面的面积比做得很大？

答：如果气缸与油缸内腔断面的面积比为 60∶1，则进气压力与排油压力的理论比为 1∶60。当修井机气控系统的气压为 0.6～0.8MPa 时可获得相应油压 36～48MPa。即利用较低的气压可以制备较高的油压。

277. 气泵现场使用应注意哪些事项？

答：（1）气泵耗气量较大。当修井机气控系统气源并不充裕时，不宜使气泵长期自动运转工作。通常关闭气泵进气阀，停泵备用。

（2）气泵的油缸上方装有密封填料，当漏油时可调节密封填料压帽，密封填料压帽不宜压得过紧，不漏即可。

（3）气泵应保持压缩空气的洁净与低含水量。

（4）气路上装有油雾器。压缩空气进入气缸前流经油雾器时，有少量润滑油化为雾状混入气流中，以润滑气缸与活塞组件。

278. 油雾器使用应注意哪些事项？

答：(1) 油杯中储存 10 号机油。

(2) 油杯中盛油不可过满，2/3 杯即可。

(3) 控制系统投入工作时，每天检查油杯油面一次，酌情加油。加油时不必停气，可以"带压"操作，即将油杯上螺塞旋下直接往杯中注油，油杯中存油不会溅出。

(4) 手调顶部针型阀以控制油雾器喷油量。

279. 三位四通转阀有何作用？

答：三位四通转阀用来控制压力油流入防喷器的关井油腔或开井油腔，使井口防喷器迅速关井或开井。

280. 三位四通转阀的结构由哪些部分组成？

答：三位四通转阀的结构如图 2-13 所示。该阀装有推力球轴承，手柄操作轻便灵活。阀盖上部装有由弹簧、钢球、定位板组成的定位机构，手柄转动到位后即被锁住实现定位。阀体装有 3 个阀座，阀座下面装有波形弹簧使阀座与阀芯紧贴密封。液压油作用在阀座底部起油压助封作用。3 个阀座的油口与回油口各自与管线连接。阀芯有 4 个孔口但两两相通形成两条孔道。手柄有 3 个工作位置：中位、关位、开位。

281. 简述三位四通转阀的工作原理。

答：三位四通转阀的工作原理如图 2-14 所示。当三位四通转阀手柄处于中位时，阀体上的 P、T、A、B 四孔口被阀芯封盖堵死，互不相通。当手柄处于关位时，阀芯使 P 与 B、A 与 T 连通，液压油由 P 经 B 再沿管路进入防喷器的关井油腔，防喷器关井动作，与此同时防喷器开井油腔里的存油则沿管路由 A 经 T 流回油箱。手柄处于开位时，阀芯使 P 与 A、B 与 T 相通，防喷器实现开井动作。

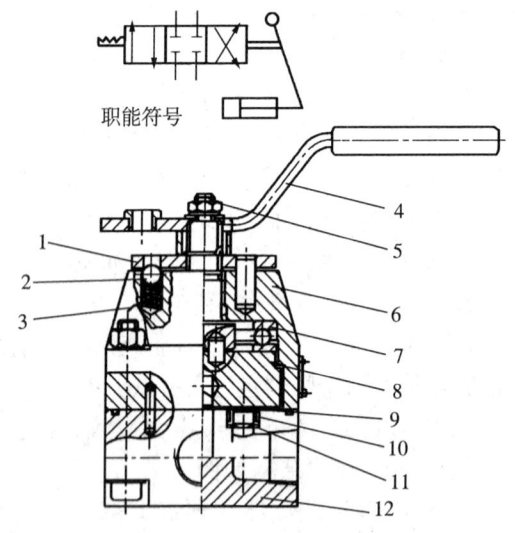

图 2-13 三位四通转阀

1—定位板；2—钢球；3—弹簧；4—手柄；5—转轴；6—阀盖；
7—推力球轴承；8—阀芯；9—阀座；10—密封圈；11—波形弹簧；12—阀体

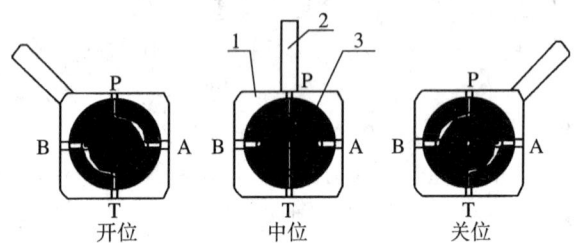

图 2-14 三位 IN 通转阀工作原理

1—阀体；2—手柄；3—阀芯

282．三位四通转阀现场使用应注意哪些事项？

答：(1) 操作时手柄应扳动到位；

(2) 不能在手柄上加装其他锁紧装置；
(3) 定期对双作用气缸进行润滑保养。

283．旁通阀有什么作用？

答：远程控制装置上的旁通阀用来将蓄能器与液压闸板防喷器供油管路连通或切断。当液压闸板防喷器使用10.5MPa 的正常油压无法推动闸板封井时，须打开旁通阀利用蓄能器里的高压油实现关井作业。

284．减压阀有什么作用？

答：减压阀是用来将蓄能器的高压油降低为防喷器所需的合理油压。当利用环形防喷器封井进行起下钻作业时，减压阀起调节油压的作用，保证顺利通过接头并维持关井所需液控油压稳定。

285．按操作方式的不同减压阀如何分类？

答：按操作方式的不同，减压阀可分为气动减压法和手动减压阀。

286．减压阀现场使用应注意哪些事项？

答：(1) 调节手动减压阀时，顺时针旋转手轮二次油压调高；逆时针旋转手轮二次油压调低。

(2) 调节气动减压阀时，顺时针旋转空气调压阀手轮二次油压调高；逆时针旋转空气调压阀手轮二次油压调低。

(3) 配有司控台的控制装置在投入工作时应将三通旋塞扳向司控台，气动减压阀由遥控装置遥控。

(4) 液压闸板防喷器液控油路上的手动减压阀，二次油压调整为 10.5MPa，调压丝杆用锁紧手柄锁住。环形防喷器液控油路上的手动或气动减压阀，二次油压调整为 10.5MPa，切勿过高。

(5) 减压阀调节时有滞后现象，二次油压不随手柄或气压的调节立即连续变化,而呈阶梯性跳跃。调压操作时应尽量轻缓,切勿操之过急。

287. 安全阀有什么用途?

答:安全阀用来防止液控油压过高,对设备进行安全保护。远程控制装置上装设2个安全阀,即蓄能器安全阀与管汇安全阀。

288. 安全阀的结构由哪些部分组成?

答:安全阀属于溢流阀,主要由阀体、球阀、阀杆、调节丝杆和锁紧螺母等组成,如图2-15所示。

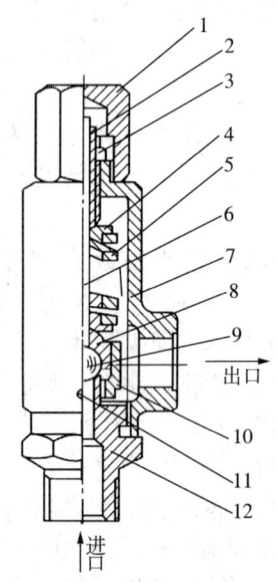

图2-15 安全阀

1—护帽;2—调压丝杆;3—锁紧螺母;4—弹簧座;5—弹簧;6—阀杆;
7—阀体;8—滑套;9—球阀;10—导套;11—顶丝;12—接头

289. 简述安全阀的工作原理。

答：安全阀进口与所保护的管路相接，出口则与回油箱管路相接。平时安全阀"常闭"，即进口与出口不通。一旦管路油压过高，钢球上移，进口与出口相通，压力油立即溢流回油箱，使管路油压不再升高。管路油压恢复正常时，钢球被弹簧压下，进口与出口切断。

290. 如何调节安全阀开启的油压值？

答：安全阀开启的油压值由上部调压丝杆调节。旋拧调压丝杆，改变弹簧对钢球的作用力即可调整安全阀的开启油压。顺时针旋拧调压丝杆，安全阀开启油压升高；逆时针旋拧调压丝杆，安全阀开启油压降低。

291. 安全阀现场使用应注意哪些事项？

答：(1) 设备经检修后，安全阀压力已经调定，井场使用时只需在试运转操作中校验其开启动作压力值即可；

(2) 国内各厂家所产控制装置的安全阀，所需调定的开启压力不同，在井场调试时应按各自的技术指标校验。

292. 单向阀有什么用途？

答：单向阀用来控制压力油的单向流动，防止倒流。电泵、气泵的输出管路上都装有单向阀。

293. 单向阀的结构由哪些部分组成？

答：单向阀主要由阀体、阀芯、弹簧和弹性卡圈等组成，如图 2-16 所示。

294. 压力控制器有什么用途？

答：压力控制器属于压力控制元件，用来对电动油泵的启动、停止实现自动控制，从而使蓄能器的油压控制在 19～21MPa 范围内。

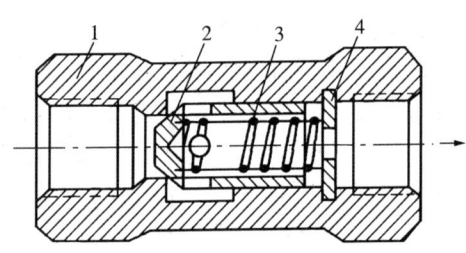

图 2-16 单向阀
1—阀体；2—阀芯；3—弹簧；4—弹性卡圈

295. 压力控制器由哪几个部分组成？

答：压力控制器主要由压力测量系统、电控装置、调整机构和防爆机壳等部分组成。YTK-02E 压力控制器其结构如图 2-17 所示。

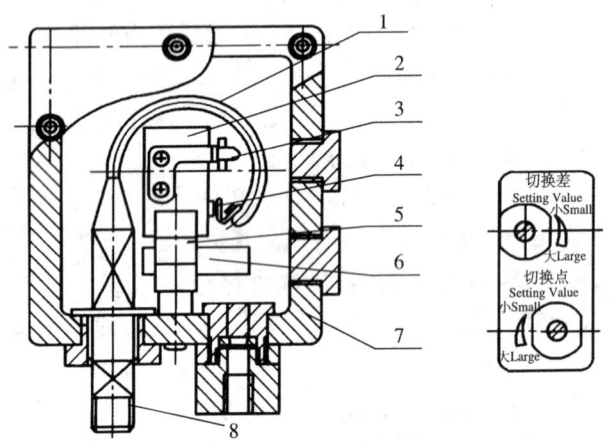

图 2-17 YTK-02E 压力控制器
1—压力测量系统；2—电控装置；3，6—调整机构；4—微动开关触点；
5—接线端子；7—防爆机壳；8—接油管

296. 简述压力控制器工作原理。

答：压力控制器的压力测量系统，其弹性测压元件在被测介质压力作用下会发生弹性变形，且该变形量与被测介质压力的高低成正比。当被测介质的压力达到预先设定的控制压力时，通过测量机构的变形，驱动微动开关，通过触点的开关动作，实现对电动油泵的控制。压力上限值和切换差均可以通过调整螺钉进行调节。

297. 液气开关有什么用途？

答：液气开关是用来自动控制气泵的启停，使蓄能器油压保持在21MPa。

298. 气动压力变送器有什么作用？

答：气动压力变送器用来将远程控制装置上的高压油压值转化为相应的低压气压值，然后低压气经管线输送到遥控装置上的气压表，以气压表指示油压值。

299. 简述远程控制装置与遥控装置两表示压值相差悬殊的故障原因与处理方法。

答：(1) 产生的原因：可能是输入的一次气压低于0.14MPa或是放大器的恒节流孔导管堵塞所致；

(2) 处理的办法：调准一次气压0.14MPa或是将装设恒节流孔导管的螺杆取出，使用0.2mm×200mm的不锈钢丝将恒节流孔导管孔顶通。

300. 简述远程控制装置油压表的示压值为零但遥控装置示压表显示值却很高的故障原因与处理方法。

答：(1) 产生的原因：这可能是喷嘴粘附污物堵塞所致。

(2) 处理的方法：用酒精棉球擦拭喷嘴并将喷嘴吹通，擦干。

301. 启动卸荷阀有什么功用？

答：启动卸荷阀的功用是在短时间内降低电泵的输出油压，减少电泵的启动负荷，改善电泵的启动性能。

302. 控制装置的安装有什么要求？

答：(1) 远程控制装置（远程控制台）安装在面对井场左侧、距井口不少于 25m 的专用活动房内，并保持 2m 宽的行人通道，周围 10m 内不得堆放易燃、易爆、腐蚀物品；

(2) 安装管排架前应用压缩空气将所有管线吹扫干净，安装时管排架与防喷管线距离不小于 1m。在汽车跨越处，应装过车桥板；

(3) 气管线的安装应顺管排架安放在其侧面的专门位置上，多余的管线盘放在靠远程控制台附近的管排架上，严禁强行弯曲和压折；

(4) 防喷器液控油路接口朝向井架左侧。

303. 远程控制装置空负荷运转的目的是什么？

答：空负荷运转是使泵组在油压几乎为零的工况下运转，目的是疏通油路，排除管路中空气，检查电泵、手动泵空载运转情况。

304. 远程控制装置空负荷运转前需做哪些准备工作？

答：(1) 远程控制台蓄能器充氮气压力 (7±0.7) MPa，气源压力 0.65 ~ 0.8MPa；

(2) 油箱注规定的航空液压油、油面要合适，即液位升至油标的上限；

(3) 检查曲轴箱、链条箱油标高度；

(4) 电源总开关合上；

(5) 蓄能器进出油截止阀开启；

(6) 旁通阀手柄处于开位；

(7) 换向阀手柄处于中位；

(8) 蓄能器压力显示 19～21MPa；

(9) 环形、液压闸板防喷器压力表显示 10.5MPa；

(10) 压力控制器上限位于 21MPa，下限位于 19MPa；

(11) 油箱中盛油高于下部油位计下限；

(12) 泄压阀打开。

305．简述远程控制装置空负荷运转的操作步骤。

答：(1) 电控箱旋钮转到手动位置启动电泵，检查电泵链条的旋转方向，柱塞密封装置的松紧程度以及柱塞运动的平稳状况。电泵运转 10min 后手动停泵。

(2) 关闭泄压阀。旁通阀手柄扳到关位。

306．远程控制装置带负荷运转的目的是什么？

答：带负荷运转是使泵组在正常油压下运转，目的是检查管路密封情况以及部件的技术指标。

307．简述远程控制装置带负荷运转的操作步骤。

答：(1) 检查管路密封情况，蓄能器压力表压降不超过 0.5MPa 为合格。

(2) 观察环形防喷器供油压力表与液压闸板防喷器供油压力表，检查或调节 2 个减压溢流阀的二次油压为 10.5MPa。

(3) 检查或调节蓄能器安全阀的开启压力。手动停泵。

(4) 检查压力控制器的工作效能，否则重新调定。最后，将电控箱旋钮旋到停位、停泵。

(5) 检查液气开关的工作效能，否则重新调定。最后，关闭气泵进气阀，停泵。

(6) 检查或调节气动压力变送器的输入气压。核对远程控制装置与遥控装置上三个压力表的压力值。

(7) 检查管汇安全阀的开启压力。

308．控制装置处于"待命"工况时，其油压表、气压表压力值应是多少？

答：蓄能器油压表压力为19～21MPa，环形、液压闸板防喷器油压表压力为10.5MPa，气压表的压力为0.65～0.8MPa。

309．简述电泵电动机不能启动的原因及处理方法。

答：(1) 原因：电源参数不符合要求，电压过低电泵补油困难。处理方法：检修电路。

(2) 原因：电控箱内电器元件损坏、失灵或熔断器烧毁。处理方法：检修电控箱或更换熔断器。

(3) 原因：柱塞密封装置的密封压得过紧。处理方法：适当地放松压紧螺帽。

310．简述电动油泵不能自动停止运转的原因及处理方法。

答：(1) 原因：压力控制器油管或接头处堵塞或漏油。处理方法：检查压力控制器管路。

(2) 原因：压力控制器失灵。处理方法：调整或更换压力控制器。

311．简述控制装置运行时有噪声的原因及处理方法。

答：原因：系统油液中混有气体。处理方法：空运转，循环排气。检查蓄能器胶囊有无破裂，及时更换。

312．简述减压溢流阀出口压力太高的原因及处理方法。

答：原因：阀内密封环的密封面上垫有污物。处理方法：旋转调压手轮，使密封盒上下活动数次，以利挤出污物；必要时拆开修理。

313．简述在司控台上不能开、关防喷器或相应动作不一致的原因及处理方法。

答：原因：空气管缆中的管芯接错、管芯折断或堵死、连接法兰密封垫窜气。处理方法：检查空气管缆。

314．简述蓄能器充油升压后油压不稳或压力表不断降压的原因及处理方法。

答：（1）原因：管路活接头、弯头泄漏。处理方法：检修。

（2）原因：三位四通换向阀手柄未扳到位。处理方法：将换向阀手柄扳到位。

（3）原因：泄压阀、换向阀、安全阀等元件磨损，内部泄露。处理方法：修换向阀（可从油箱上部测孔观察到阀件的泄漏现象）。

（4）原因：泄压阀未关死。处理方法：关紧泄压阀。

315．节流管汇型号是如何命名的？

答：节流管汇的型号表示方法如下：

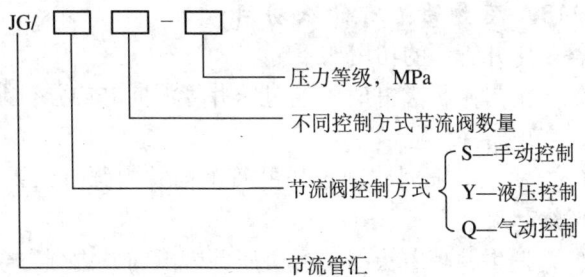

例如：JG/S2-21 表示压力等级为 21MPa 带 2 个手动节

流阀的节流管汇。

316. 压井管汇型号是如何命名的？

答：压井管汇的型号表示方法如下：

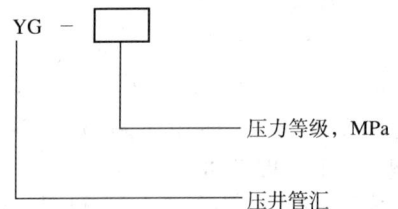

例如：YG-21 表示压力等级为 21MPa 的压井管汇。

317. 节流管汇有什么功用？

答：(1) 节流循环或压井时控制井内流体流出井口，从而控制井口回压（油压和套压），维持井底压力等于或略大于地层压力；

(2) 起泄压作用，降低井口压力，实现"软关井"；

(3) 起分流放喷作用，降低井口套管压力，保护防喷器组，并将溢流物引出井场以外，防止井场着火和人员中毒，确保井下作业安全。

318. 压井管汇有什么功用？

答：压井管汇的功用如下：

(1) 全封闸板关井时，通过压井管汇向井内强行泵入加重液，实现压井作业；

(2) 发生井喷时，通过压井管汇向井内强行泵入清水，防止燃烧起火；

(3) 发生井喷着火时，通过压井管汇向井内强行泵入灭火剂，以助灭火。

319. 节流压井管汇安装有什么要求？

答：(1) 节流、压井管汇安装在井口四通两侧；

(2) 节流、压井管汇的阀件应用法兰连接；

(3) 放喷管线安装在当地风向的下风方向，接出井口30m以外；

(4) 压井管线安装在当地上风方向的套管闸阀上；

(5) 放喷管线通径不小于50mm，放喷闸阀距井口3m以外；

(6) 若放喷管线接在四通套管闸阀上，放喷管线一侧紧靠套管四通的闸阀应处于常开状态，采取防堵、防冻措施，保证其畅通；

(7) 节流、压井管汇的管线应平直。

320. 节流压井管汇的主要技术参数有哪些？

答：节流压井管汇的主要技术参数是最大工作压力和管汇的公称通径。

321. 节流压井管汇的最大工作压力分哪几级？

答：根据 SY/T 5323—2004《节流和压井系统》的规定，节流压井管汇的最大工作压力分为5级，即14MPa、21MPa、35MPa、70MPa、105MPa。

322. 什么是管汇的通径？

答：管汇的公称通径指管线内径。

323. 管汇的通径如何选择？

答：井口四通与节流管汇五通间的连接管线，其公称通径一般不得小于76mm，节流阀上下游的连接管线，其公称通径不得小于50mm。放喷管线的公称通径不得小于76mm。压井管汇的公称通径一般不得小于50mm。

324．手动平板阀结构由哪些部分组成？

答：手动平板阀由护罩、手轮、止推轴承、丝套、阀杆、轴承套、阀盖、阀体、阀板、阀座、尾杆组成，如图2-18所示。

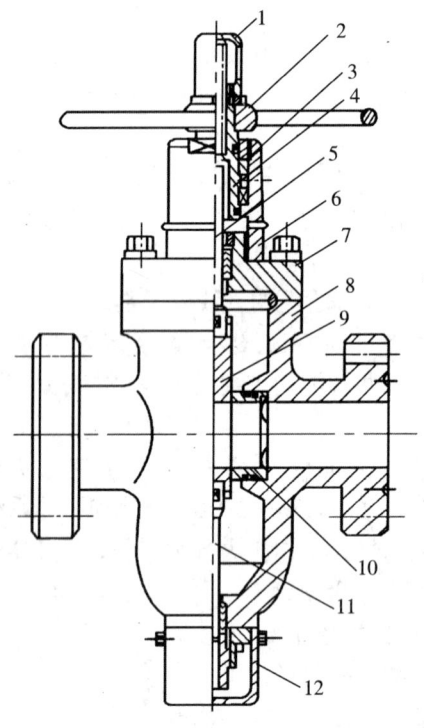

图 2-18 手动平板阀

1—护罩；2—手轮；3—止推轴承；4—丝套；5—阀杆；6—轴承套；
7—阀盖；8—阀体；9—阀板；10—阀座；11—尾杆；12—护罩

325．简述手动平板阀的工作原理。

答：用手顺时针旋转手轮，此时手轮带动丝套旋转，阀

杆向下移动，从而带动阀板下行，到位后（阀杆或尾杆端部接触其护罩），再逆时针旋转手轮 1/4 ~ 1/2 圈，平板阀关闭；逆时针旋转手轮，此时手轮带动丝套旋转，阀杆向上移动，从而带动阀板向上运动，到位后，再顺时针旋转手轮 1/4 ~ 1/2 圈，平板阀打开。

326. 简述手动平板阀的操作要领。

答：（1）关闭：顺时针旋转手轮，到位后，再逆时针旋转手轮 1/4 ~ 1/2 圈；

（2）打开：逆时针旋转手轮，到位后，再顺时针旋转手轮 1/4 ~ 1/2 圈。

327. 手动平板阀在关闭操作时为什么最后要回旋手轮 1/4 ~ 1/2 圈？

答：手动平板阀关闭到位后，回旋 1/4 ~ 1/2 圈，以保证阀板有浮动的余地，使其实现浮动密封的效果。打开后，回旋 1/4 ~ 1/2 圈，以便于下次操作容易。

328. 手动平板阀能否作为节流阀使用？

答：不能，平板阀只能全开全关，不允许半开半关，否则在井液的高速冲蚀下将使其过早损坏，最终造成整个节流管汇刺坏或报废。所以不能当作节流阀使用。

329. 手动平板阀在使用中应注意哪些事项？

答：（1）平板阀在使用过程中，要全开或全闭，不能处于半开半闭状态；

（2）手动平板阀关闭到位和打开后，要回旋 1/4 ~ 1/2 圈；

（3）当两个平板阀串联组合在一起接在管汇中时，应首先使用下游的平板阀，上游的平板阀作为备用；

（4）平板阀的阀腔内必须填满密封脂，用来润滑阀板与阀座间的接触面并保证有效密封；

（5）运往井场之前，工具中心维修人员用专用油枪从壳体的注脂嘴往阀腔里强注密封脂；

（6）可从止推轴承的黄油嘴注黄油润滑轴承；

（7）当上部阀杆、下部尾杆密封填料刺漏时，可从注入嘴注入二次密封脂以补救其密封性能。

330．液动平板阀与手动平板阀的结构、工作原理有何不同？

答：液动平板阀的结构、工作原理与手动平板阀相同，只不过是用液缸和活塞驱动取代了手轮、丝套。可在远控台上直接操作。

液动平板阀平时在节流管汇上处于关闭状态，在节流、放喷、"软关井"时才开启工作。

331．节流阀有什么功用？

答：节流阀的功能就是在实施压井作业时，借助它不同的开启程度，来维持一定的井口回压，将井底压力稳定在一窄小的范围内。

332．节流阀根据阀芯结构的不同可分为哪几类？

答：根据阀芯结构的不同，节流阀可以分为筒式节流阀、双盘半开式节流阀、笼套式节流阀等。目前，现场使用比较多的是筒式节流阀。筒式节流阀可分为手动筒式节流阀和液动筒式节流阀。

333．筒式节流阀能真正关闭密封而不断流吗？

答：筒式节流阀的阀板呈圆筒形，阀板与阀座间有间隙，即使将该阀关闭至最小时进出口也始终相通，不能断流。

334. 简述节流阀的操作原理。

答：操作节流阀时，顺时针旋转手轮开启程度减小并趋于关闭，逆时针旋转开启程度变大。节流阀的开启程度可以通过护套的槽孔中观察阀杆顶端的位置来判断。平时，节流阀一般处于半开位置。

335. 手动筒式节流阀和液动筒式节流阀的结构、工作原理有何不同？

答：手动筒式节流阀和液动筒式节流阀的结构、工作原理相同，只不过液动筒式节流阀以液缸、活塞代替手轮机构。液动节流阀的操作需要通过液控箱来实现。

336. 节流管汇液控箱有哪些阀件和仪表？

答：节流管汇液控箱的主要阀件有三位四通换向阀和调速阀，仪表有油压表、气源压力表、立压表、套压表、阀位开启度表，如图 2-19 所示。

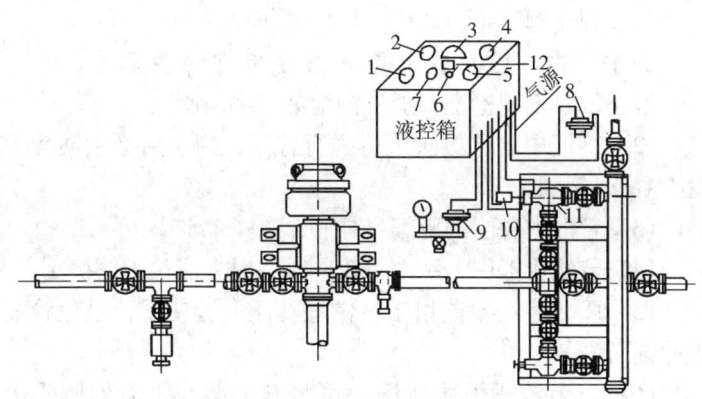

图 2-19　液动节流管汇与控制箱
1—油压表；2—立压表；3—阀位开启度表；4—套压表；5—气源压力表；
6—三位四通换向阀；7—调速阀；8—立管压力变送器；9—套管压力变送器；
10—阀位变送器；11—液动节流阀；12—泵冲数显示器

337. 液控箱上装设的三位四通换向阀起什么作用？

答：三位四通换向阀的作用是用来改变压力油的流动方向，遥控液动节流阀开大、关小或维持开度不变，从而控制关井套压与立压的降低、升高或稳定。

338. 液控箱上装设的阀位开启度表有什么功用？

答：阀位开启度表用来显示液动节流阀的开启程度。

339. 液控箱上装设的调速阀有什么功用？

答：调速阀用来控制液动节流阀开关动作的速度，从而控制立压与套压变化的快慢。

340. 怎样操作液控箱实施压井作业？

答：司钻在钻台上观察立压表和套压表的压力变化以及阀位开启度表的指示情况，一手操作三位四通换向阀手柄，一手调节调速阀手轮，即可实施压井作业。

341. 节流压井管汇保养与使用有哪些要求？

答：(1) 定期检查，加注润滑油、润滑脂；

(2) 管汇中的平板阀不得强行拧死，到位后必须回旋手轮 1/4～1/2 圈；

(3) 管汇中各闸阀应编号挂牌；

(4) 节流管汇中，手动节流阀调节时人应位于阀侧；

(5) 压井管汇不能用于日常灌注压井液使用，以免管线因冲蚀而失效；

(6) 当节流阀发生故障，可将其上游与下游的闸阀关闭，将备用节流阀下游的闸阀打开，使备用节流阀工作；

(7) 检修单流阀时可关闭其下游的闸阀。

342. 节流压井管汇出厂前的试压有什么要求？

答：管汇出厂前在专门试验架上进行耐压密封性能试验。

节流管汇的试验压力以节流阀出口为界分为上下游两部分。上游试验压力为该管汇最大工作压力的100%；下游试验压力为该管汇最大工作压力的50%。管汇用清水试压，稳压时间不少于3min，稳压期间不得有明显压降。

343. 节流压井管汇现场试验有什么要求？

答：压井管汇和节流阀上游管路试压到额定工作压力，稳压10min，无渗漏无压降为合格。

节流阀下游管路试验到比其额定工作压力低一级压力等级，稳压10min，无渗漏无压降为合格。

344. 管柱内防喷工具有哪些？其作用是什么？

答：常用的有油管旋塞阀、方钻杆旋塞等；

内防喷工具是装在管串上的专用工具，是用来封闭管柱的中心通孔，与井口防喷器组配套使用。

345. 油管旋塞阀的结构由哪些部分组成？

答：油管旋塞阀主要由阀体、上下阀座、球体、旋块、挡圈、弹簧、非金属密封件等组成，如图2-20所示。

346. 简述油管旋塞阀的工作原理。

答：油管旋塞阀是专用于防止井喷的紧急情况。常规起下作业时，井口旋塞备于井口，当出现溢流时，将其抢装于井内管柱顶端，对井口内通道实施控制。油管旋塞阀平时为常开式，当发生溢流井涌时，关闭该阀门，可防止地层流体沿管柱水眼向上喷出。在井控作业中，水龙带、高压管汇损坏时，关闭该装置，即可进行安全更换。

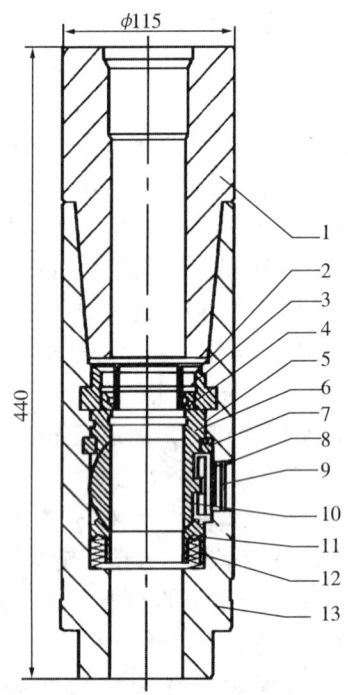

图 2—20　$2^7/_8$in × 5000psi 油管旋塞阀

1—上盖体；2—上卡套；3—卡簧；4—挡圈；5—密封圈；6—上阀座；
7—下卡套；8—密封圈；9—旋塞；10—阀体；11—下阀盖；
12—弹簧；13—下阀体

347. 油管旋塞阀的安装使用有什么要求？

答：(1) 本阀门的安装方向为内螺纹在上，外螺纹在下。连接前应在内外螺纹部位和肩口涂抹薄层螺纹脂；

(2) 保持阀门处于"开启"位置；

(3) 旋塞阀手柄应置在操作台的固定位置，便于取用。

348. 油管旋塞阀的维护保养有什么要求？

答：(1) 每次使用完毕后，应仔细清洗该阀门，检查密封件的使用情况，磨损严重的应予更换；

(2) 对更换零件的阀门必须按前面的试验方法经检验后方可使用；

(3) O形密封圈的存放期不应超过12个月，过期作失效处理。

349. 简述方钻杆旋塞的工作原理。

答：钻磨作业时，方钻杆旋塞的中孔畅通并不影响钻井液的正常循环。当发生井喷时，一方面用井口防喷器组封闭井口环形空间，同时根据需要酌情关闭方钻杆上旋塞或下旋塞，阻止修井液沿管柱水眼上窜，以保护水龙带与立管管线。

350. 方钻杆旋塞使用时如何进行操作？

答：使用专用扳手将旋塞转轴旋转90°即可实现开关。方钻杆旋塞轴承中填满锂基润滑脂，井场使用时一般无须再做保养。

351. $2^7/_8$in×5000psi 油管旋塞阀的强度试验标准是什么？

答：油管旋塞阀应在"开启"位置进行，试验压力10000psi，稳压3min，而后泄压。试压时应无可见渗漏和压降。

352. $2^7/_8$in×5000psi 油管旋塞阀的密封性能试验标准是什么？

答：油管旋塞阀应在"关闭"位置进行，从外螺纹一端加压，内螺纹一端通大气。试验压力5000psi，稳压3min，而后泄压。重复上述步骤进行第二次，每次试压时应无可见渗漏和压降。

353. 防喷器低压密封试验的标准是什么？

答：在闸板下部施加 1.4～2.1MPa 的试验压力，压力稳定后稳压 10min，密封部位无渗漏为合格。

354. 防喷器高压密封试验的标准是什么？

答：在闸板下部施加额定工作压力的试验压力，压力稳定后稳压 10min，密封部位无渗漏为合格。

355. 防喷器手动关闭闸板密封性能试验的标准是什么？

答：用手动锁紧机构关闭闸板，分别进行低压及高压试验，试压程序同低压密封试验和高压密封试验。

356. 防喷器试压应注意哪些事项？

答：(1) 进行试压的防喷器外表面和闸板（球形胶芯）上端面应清除水渍及污物；

(2) 防喷器应分别在低压、高压（工作压力）及手动锁紧（液压锁紧）的情况下进行密封试验；

(3) 密封试验压力降为参考值，最终判定结果以无渗漏为合格；

(4) 液控工作压力应控制在 8.5～10.5MPa；

(5) 防喷器试压完毕后应解锁：锁紧轴逆时针拧到底后再顺时针拧一圈半。

357. 防喷器试压有哪些试压装置？

答：试压装置主要包括试压控制台、液压控制装置、防护墙、电动平车（或普通平车）。若采用自动试压还需增加智能压力测控台。

358. 简述试压气动泵的工作原理及主要特点。

答：气动泵是使用压缩空气为动力源，通过对气源压力到油、注水的控制和调节，注水井的正反洗井、试井清蜡、部件更换以及各种井下作业的要求等因素。

373．怎样检验采油树？

答：采油树在使用前，都必须进行液压密封试验，试验压力等于被试验的最大工作压力。

压力从零升到预定压力，稳压时间大于 3min；减压至零；再将压力从零升到预定的试验压力，稳压时间大于 3min。

计时应在试验压力达到后，在承压本体外面完全干燥的情况下开始。

374．采油树试压有什么标准？

答：试压压力达到额定工作压力，稳压时间不少于 10min，并保证密封部位无渗漏为合格。

375．什么是油管头？

答：完井井口装置的中间部分称油管头。

376．油管头有什么作用？

答：油管头的作用有：

（1）油管头属采油树附件，其作用是悬挂下入井中的油管、井下工具，密封油套环形空间；

（2）为下接套管头，上接采油树提供过渡；通过油管头四通体上的两个侧口，完成注平衡液及洗井等作业。

377．什么是套管头？

答：完井井口装置的下部分称套管头。

378．套管头有什么功能？

答：套管头主要用来固定钻井井口，连接井下套管柱，用以支持技术套管和油层套管的重力，用来悬挂除表层套管以外的套管和密封套管环形空间，为环空监测和外挤水泥提供出口和通道的井口装置部件，它必须满足钻井作业以及生产过程中的地层压力控制要求。

379．套管头应满足哪些要求？

答：(1) 额定工作压力应当等于或大于最大预计井口压力；

(2) 抗弯曲强度应等于或大于与它相连接的最外层套管的抗弯曲强度；

(3) 端部连接的机械强度和承压能力应达到或超过相应的标准法兰或与它相连接的管材；

(4) 要有足以能支撑随后悬挂套管和油管重量的抗内压强度；

(5) 通过悬挂器支撑除表层套管外的各层套管的重量；

(6) 承受防喷器的重量；

(7) 在内外管柱之间形成压力密封；

(8) 为释放可能储集在两层套管之间的压力提供出口，或在紧急情况下向井内泵入流体；

(9) 可进行钻采方面的特殊作业，如补注水泥、酸化压裂时从侧孔加压以平衡油管内压力；

(10) 配合使用合格的防磨套，可防止井口套管偏磨。

380．常见的套管头有哪些类型？结构由哪几部分组成？

答：套管头有单级、双级和三级套管头三种类型。结构主要由壳体和悬挂器总成组成。套管头壳体由下法兰四通、中间四通等部件组成。

381．悬挂器总成有什么作用？

答：悬挂器总成用于悬挂套管串、油管串的重量，同时起到密封各层套管环空压力的作用。

382. 井口所用的闸阀有哪些形式？

答：井口所用闸阀有平行式闸阀、斜楔式闸阀，连接形式分为法兰式和卡箍式。

383. 套管头型号是怎样表示的？

答：套管头尺寸代号是用套管外径的英寸值表示；本体间连接型式代号用汉语拼音字母表示，F 表示法兰连接，Q 表示卡箍连接。有三种表示方法，如下所示。

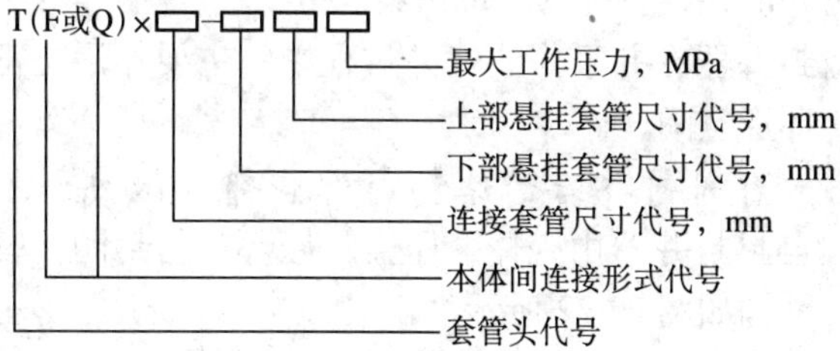

```
T(F或Q)×□-□-□-□
            │  │  │  └── 最大工作压力，MPa
            │  │  └───── 上部悬挂套管尺寸代号，mm
            │  └──────── 下部悬挂套管尺寸代号，mm
            └─────────── 连接套管尺寸代号，mm
    └─────────────────── 本体间连接形式代号
└─────────────────────── 套管头代号
                (a)
```

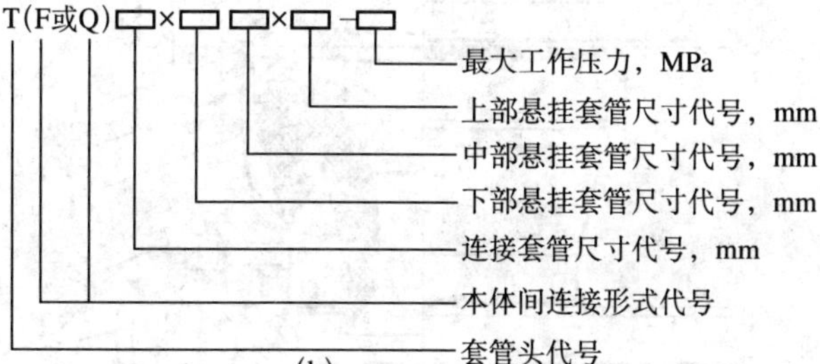

```
T(F或Q)□×□×□-□
         │  │  │  └── 最大工作压力，MPa
         │  │  └───── 上部悬挂套管尺寸代号，mm
         │  └──────── 中部悬挂套管尺寸代号，mm
         └─────────── 下部悬挂套管尺寸代号，mm
     └──────────────── 连接套管尺寸代号，mm
  └─────────────────── 本体间连接形式代号
└─────────────────────── 套管头代号
                (b)
```

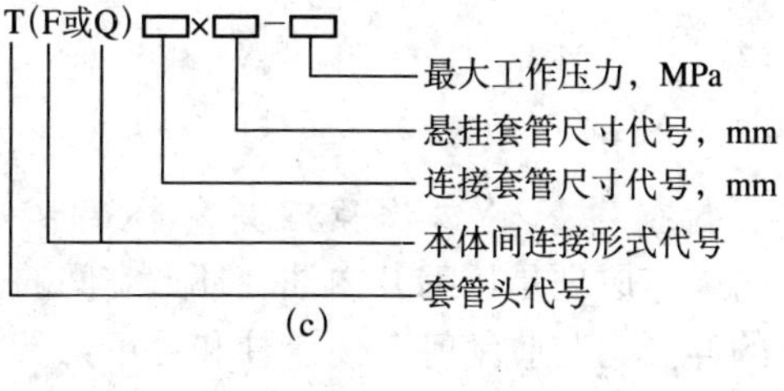

```
T(F或Q)□×□-□
         │  │  └── 最大工作压力，MPa
         │  └───── 悬挂套管尺寸代号，mm
         └──────── 连接套管尺寸代号，mm
    └─────────────── 本体间连接形式代号
└─────────────────── 套管头代号
                (c)
```

384. 自封封井器有什么作用?

答:自封封井器的作用有:

(1) 在起下作业时,密封油套环形空间,承受环空的一定压力;

(2) 起下作业时,扶正油管,防止小件落物掉入井内,同时可刮掉油管外的油污,保持施工清洁;

(3) 在冲砂、冲洗鱼顶施工时,密封油套环形空间,避免浪费洗井液,减少井场环境污染。

自封封井器在井下作业修井过程中的主要作用是密封油管和套管环形空间。

385. 自封封井器的结构由哪些部分组成?

答:自封封井器由壳体、压盖、压环、密封圈、胶皮芯子组成,结构如图 2-22 所示。

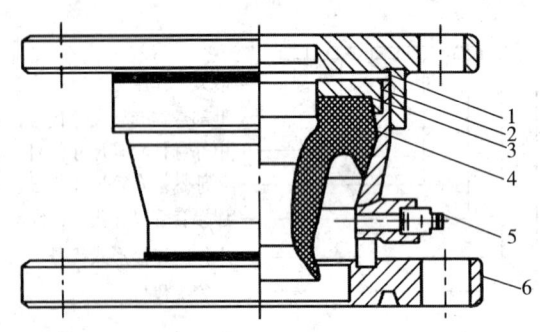

图 2-22 自封封井器

1—压盖;2—压环;3—密封圈;4—胶皮芯子;5—堵头;6—壳体

386. 自封封井器的工作原理是怎样的?

答:它的工作原理是依靠井内油套环形空间的压力和胶皮芯子自身的伸张力与收缩性,使管柱和井下工具能够顺利地下入和起出，并起到密封油套管环形空间的作用。它主要与油管工作筒、堵塞器配套用于小修作业。

387．自封封井器有哪些技术规范？

答：(1) 试验压力：10MPa（100kgF/cm^2）；

(2) 工作压力：5～6MPa（50～60kgF/cm^2）；

(3) 使用范围：62mm 油管（2$\frac{1}{2}$in 油管）；

(4) 连接方式：178mm 法兰（7in），211mm 钢圈；

(5) 高度：235mm；

(6) 重量：80kg；

(7) 最大外径：435mm；

(8) 自封盖内径：120mm；

(9) 压环内径：115mm；

(10) 胶皮芯子外径：245mm；

(11) 胶皮芯子内径：69mm。

388．怎样安装自封封井器？

答：(1) 卸掉自封盖子，取出压环，将自封胶皮芯平面朝上放入自封壳体内，放上压环，盖上压盖，一人上紧为止；

(2) 下入10根油管以后（或10根油管以上没有大直径工具下井后可装自封），将钢圈放在吊卡上，把自封抬到井口油管接箍上坐好用手扶助，将提前吊起的油管慢慢地插入自封芯子中，将手撤回；

(3) 打好背钳，用另一把管钳卡在自封以上约10cm处，边下压管钳边转油管，使油管通过自封胶皮芯子与下面油管母扣接箍对正上紧；

(4) 两人抬起自封检查油管螺纹是否上紧，否则重上直至上紧为止；

（5）上提油管，摘掉吊卡，将四通钢圈槽擦干净抹好黄油，把钢圈放入槽内，慢慢下放油管使钢圈坐进自封下法兰钢圈槽内，对角上紧4条螺栓，再用管钳上紧自封上压盖，就可以正常下油管作业。

389．自封封井器使用有何要求？

答：（1）通过自封的下井工具，外径应小于115mm。超过115mm的下井工具，应用自封和半封倒入或倒出；

（2）通过较大直径的下井工具时，可在自封的胶皮芯子上涂抹黄油，冬天使用时，应用蒸气加热，以免拉坏胶皮芯子；

（3）自封封井器螺栓孔眼及钢圈槽必须与套管四通孔眼及钢圈槽一致；

（4）钢圈必须坐入上下钢圈槽内，螺丝上紧；

（5）自封装入油管后必须上提自封检查油管螺纹是否上紧。

390．自封封井器自封芯子翻背如何处理？

答：自封芯子翻背，上紧上压盖即可。

391．自封封井器漏、刺如何处理？

答：漏、刺的原因是钢圈未进槽，应提起自封重新入槽后再上自封。

392．新型简易自封装置有什么作用？

答：新型简易自封装置的作用是不压井作业施工时密封油套管环形空间。

393．新型简易自封装置的结构由哪些部分组成？工作原理是怎样的？

答：新型简易自封由特殊法兰、自封芯子组成，如图2-23所示。

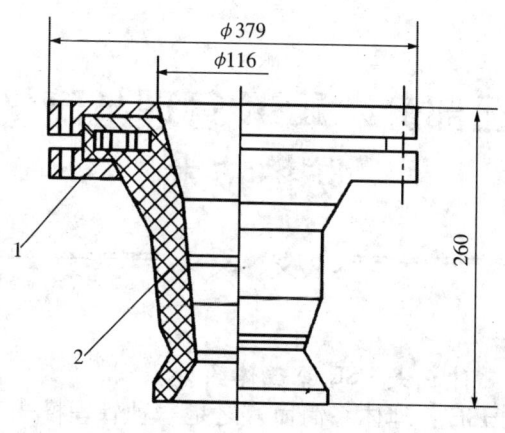

图 2-23 新型简易自封
1—特殊法兰；2—自封芯子

工作原理是利用油套管环形空间的压力挤压自封芯子，靠自封芯子伸缩达到密封油套管环形空间的目的。

第三部分　HSE管理与硫化氢防护技术

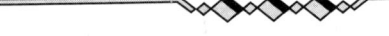

394. 什么是HSE管理体系?

答：HSE管理体系简而言之是一种管理模式，也是一个系统工程。HSE是健康、安全、环境三个英文单词第一个字母大写的缩写，它把人的健康、安全、环境综合成一个体系，实施一体化管理。

395. 实施HSE管理有什么意义?

答：健康（Health）、安全（Safety）与环境（Environment）管理体系主要用于各种组织、单位，通过经常和规范化的管理活动，实现健康、安全与环境管理的目标，目的在于指导组织建立和维护一个符合要求的健康、安全与环境管理体系，再通过不断评价、评审和体系审核活动，推动体系的有效运行，达到健康、安全与环境管理水平不断提高的目的。

396. HSE管理体系有什么特点?

答：HSE管理体系具有自愿性、法律性、预防性、持续改进性、适应性、整体性、兼容性、继承性的特点。

397. 世界HSE有什么发展趋势?

答：(1) 世界各国石油公司HSE管理重视程度普遍提高；

(2) HSE 管理体系与质量管理体系一体化；

(3) 以人为本的思想得到充分体现；

(4) HSE 管理审核向标准化迈进；

(5) 环境立法更加系统，标准更加严格；

(6) HSE 管理体系将要演变为可持续发展的管理体系。

398. 简述我国 HSE 的发展趋势。

答：(1) 20 世纪 90 年代引入 HSE 管理体系；

(2) 中国石油、中国石化两大集团首先把 HSE 管理体系作为企业标准正式发布实施；

(3) 中国石油整个系统都已经建立了 HSE 管理体系；

(4) 大部分单位已经通过了第三方认证；

(5) 从单一的 HSE 认证向多种体系综合认证发展（质量、HSE、环境、职业健康与卫生四合一的综合体系）。

399. 简述我国推行 HSE 管理的必要性。

答：(1) 国际惯例的要求；

(2) 国际市场准入的需要；

(3) 国家政策的要求；

(4) 公众和社会的期望。

400. 我国实施 HSE 管理有什么制约因素？

答：(1) 管理方式的局限；

(2) 员工素质偏低；

(3) 思想观念滞后；

(4) 财力的约束。

401. 实施 HSE 管理有什么益处？

答：(1) 能够有效贯彻国家可持续发展战略；

(2) 迅速与国际石油企业的管理方式接轨；

(3) 减少成本，降低能源及资源消耗；

(4) 极大地减少事故的发生频率;
(5) 提高 HSE 管理水平;
(6) 改善企业形象;
(7) 吸引投资者。

402．领导在 HSE 管理中有什么作用？

答：(1) 树立正确的 HSE 表率作用;

(2) 在思想上起引导作用;

(3) 重视 HSE 管理体系建设，就是重视企业文化建设，从而起到凝聚人心的作用;

(4) 会给予 HSE 在资源上的支持;

(5) 建立有效的信息反馈通道;

(6) 知道 HSE 管理是企业日常管理工作中的重要环节;

(7) 充分认识实施 HSE 管理对提高经济效益和塑造企业形象十分重要。

403．HSE 意识是什么？

答：(1) 领导 HSE 意识;

(2) 员工 HSE 意识。

404．HSE 理念是什么？

答：(1) 我健康，我幸福;

(2) 我安全，我奉献;

(3) 我环保，我文明。

405．HSE 管理体系与过去的管理体制有什么关系？

答：建立 HSE 管理体系要做到有的放矢的扬弃，是对以往成功经验和方法的继承与发展。传统管理只强调职责，而无成文的管理程序，建立 HSE 管理体系就是将传统管理程序化、科学化和规范化。

406. 企业管理运行过程分为哪四个阶段？

答：企业管理运行过程归纳分为4个阶段：即策划阶段（Plan）—实施与运行阶段（Do）—检查与纠正阶段（Check）—持续改进阶段（Action），简称"戴明管理模式"。

407. HSE管理体系由哪些要素组成？

答：根据"戴明管理模式"，结合石油现场生产实际，中国石油（CNPC）管理体系文件由7个重要的一级要素组成，即：

(1) 领导承诺（核心）；
(2) 方针和战略目标（方向）；
(3) 组织机构资源文件（资源）；
(4) 风险评价和管理（预防）；
(5) 策划或规划（控制）；
(6) 实施和监测（约束）；
(7) 审核和评审（改进）。

CNPC归纳为7个特殊功能：核心—方向—资源—预防—控制—约束—改进，组成强有力的管理体系，以期确保中国石油整个企业管理畅通，运作高效，达到获取最大效益的目的。

408. 什么是HSE管理体系的表述？

答：HSE管理体系表述就是指HSE体系文件和（作业）程序文件的形式和内容。

409. 什么是HSE管理体系的运行？

答：HSE管理体系运行就是指履行"上级的行政法规"，遵守作业程序的程度。

410. 什么是安全？

答：安全是指免除了不可接受的损害风险的状态。安全的实质是防止事故，消除导致死亡、伤害、急性职业危害、各种财产损失发生以及环境污染的条件。

411. 什么是危险？

答：广义的危险是指环境或状态超出人的控制之外的某种潜在环境条件，遭到损害或失败的可能性。狭义的危险是指一个系统存在对 HSE 的要素控制之外的某种潜在环境条件，遭到损害或失败的可能性。

412. 什么是危险源？

答：危险源是指可能造成人员伤害、财产损失和环境污染的根源。可能是一台设备、设施或系统中存在危险的一部分。国际劳工大会通过的《预防重大工业事故公约》中指出：重大危险源是指工业活动中客观存在的危险物质或能量超过临界值的设备或设施。

413. 什么是危害因素？

答：危害因素是指一个组织的活动、产品或服务中可能导致人员伤害或疾病、财产损失、工作环境破坏、有害的环境影响或这些情况的组合要素，包括根源和状态。

414. 什么是风险评价？

答：依据现有专业经验、评价标准和准则，对危害的分析结果得出系统发生危险的可能性及后果的严重程度的评价。寻求最低事故率，最少的损失和最优的 HSE 投资效益。

415. 风险评价的目的是什么？

答：风险评价的目的有：

（1）系统地从计划、设计、施工和运行过程中找出潜在危险因素，并提出相应的安全目标和措施；

（2）对潜在事故进行定性、定量分析和预测，建立 HSE 最优化方案，对已发生事故进行评价并提出纠正措施；

（3）评价设备、设施或系统的设计是否做到收益与危险达到最合理的平衡，达不到可接受的危险水平而又无法改进，只好放弃设计方案；

（4）在设备、设施或系统进行试验前，潜在危险评价达到可接受水平，确定所需费用和时间为决策提供支持；

（5）评价设备、设施或系统在生产过程中的安全性是否达标或达规，实现 HSE 管理标准化和科学化；

（6）风险评价体现了预防为主的思想，使潜在和显在的危险得以控制。

416．风险评价要遵循哪些原则？

答：风险评价应遵循科学性、系统性、综合性和适用性的原则。

（1）科学性表现揭示客观规律、探求真理、系统安全分析和评价方法，必须反映客观实际，找出充分的理论和实践依据；

（2）系统性指危险是方方面面存在的，对系统进行详细解剖，研究系统与子系统间的相关关系和制约关系，彻底辨识对象的所有危险；

（3）综合性指涉及人员、设备、物料、法规和环境纷繁复杂的"事故链"，排除单一和静止简单思维，采用多种方法评价，取长补短；

（4）适用性指系统分析与评价方法要适合企业的具体情况，具有可操作性，方法简单，结论明确，效果显著。

417．风险评价的限制因素有哪些？

答：经验与预测方法在理论上和实践中均有局限性。

（1）不完整性：危险辨识不可能完全准确，已辨识的危险不能保证是引发事故原因。

(2) 主观性：风险评价具有主观性，不同人员使用相同资料可能得出不同结果，风险评价过程中的"假设条件"极难准确。

(3) 难于理解：有些风险评价报告长达数百页，表格、事故树、关联图等冗长、复杂，难以被人理解。

(4) 与评价人员的经验相关：有些风险评价靠经验预测原因与后果，有些靠专家集体智慧评价，许多事件评价没有发生过，专家必是主观判断确定事故的危险性，这种主观性会影响结果的可靠性。

418．国际上常用风险评价方法有哪些？

答：国际上常用风险评价方法有类比法、安全检查表、预先风险性分析（PHA）、故障类型和影响风险分析（FMEA）、故障类型和影响风险性分析（FMECA）、事故树（ETA）、格雷厄姆金尼法、道化学公司法（DOW）、帝国化学公司蒙德法（MOND）、单元风险性快速排序法、风险性与可操作性研究、世界银行国际信贷公司（HE）的方法。

419．风险评价的发展有哪些阶段？

答：风险评价的发展主要有 4 个阶段：识别—评估—控制—补救。

(1) 识别：定性，界定危害有或无？

(2) 评估：定量，危害有多大？原因何在？

(3) 控制：预防，设置防止屏障，制定控制危害措施。

(4) 补救：万一设置屏障失效，制定救援措施把危害降至最低。

420．业主关注员工的健康主要表现在哪些方面？

答：(1) 施工前检查乙方有无医疗急救方案；

(2) 是否有驻井大夫，并配备一定量的常用药品和医疗器械；

(3) 严格履行有关健康的监督规定。

421. 什么是劳动保护？

答：劳动保护是指保护劳动者在劳动过程中的生命安全和身体健康。就是要通过采取各种措施，改善劳动卫生条件，有效保障劳动者生命安全和身体健康。

422. 劳动保护工作有哪几个方面的任务？

答：劳动保护工作有以下几个方面的任务：

(1) 采取安全技术；

(2) 改善劳动卫生环境；

(3) 改善劳动条件，减轻劳动强度，为劳动者创造舒适、良好的作业环境；

(4) 实行劳逸结合，保证劳动者有合理的休息时间，保证安全生产，提高劳动效率。

423. 识别劳保用品的方法是什么？

答：识别劳保用品的方法是查看生产许可证和产品质量合格证。

424. 什么是作业许可管理？

答：作业许可管理是指在开展某项非常规作业或特殊作业前，必须获得书面授权和指示的证明。

425. 作业许可管理的目的是什么？

答：作业许可管理的目的是控制工作现场潜在的隐患并将风险减低到可以接受的程度。

426. 作业许可管理包括哪些内容？

答：作业许可管理包括作业的范围界定、申请、批准、取消、延期和关闭，以及作业许可证的管理。

427. 许可作业有哪些关键环节？

答：计划；交流；防范；控制；完成。

428. 安全警示标志有哪些类型？

答：安全警示标志分为禁止标志、警告标志、指令标志和提示标志四大类型。

429. 安全警示标志设置有什么要求？

答：安全警示标志是设在作业现场的第一道防线，安设位置要醒目、适当，险情多发处甚至加设"条标"（橙色或红色条带），标志醒目，诱发警惕性，避免伤害事故的发生。

430. 对井场危险区域划分的基本依据是什么？

答：对井场危险区域划分的基本依据是：空气中有或可能有可燃气体或蒸汽，这些危险品是：可燃液体、可燃气体、超100℃度蒸汽等。

431. 危险区域分类的基本原则是什么？

答：把井场潜伏可燃气和高温蒸汽的存在，划定为Ⅰ级危险区域。即把井场圆井和转盘面井口，定为Ⅰ级1类区，固控系统每一台净化设备，都划分为Ⅰ级1类或Ⅰ级2类区域。把井场上密闭容器和密闭系统，储存可燃液体和蒸气供热系统，划分为Ⅰ级2类区，这属于随机性。

432. 什么是受限空间作业？

答：受限空间作业是指凡在工作区域内进入或探入炉、塔、釜、罐、仓、槽车、管道、烟道、隧道、下水道、沟、坑、井、池、涵洞等封闭、半封闭空间或场所的作业。

433. 进入受限空间作业的程序是什么？

答：(1) 危险识别；

(2) 危险控制；

(3) 许可证制度；

(4) 进入危险区人员培训；
(5) 空气检测；
(6) 救援措施；
(7) 跟踪记录。

434. 造成环境污染的主要因素有哪些？

答：(1) 温室效应的破坏；
(2) 臭氧层的破坏；
(3) 大气污染；
(4) 水污染；
(5) 固体废物的污染。

435. 什么是"两书一表"？

答：两书是指HSE作业指导书和HSE作业计划书，一表是指HSE现场检查表。

436. HSE作业计划书有哪些基本内容？

答：(1) 项目概述；
(2) 政策与目标；
(3) 人员、组织结构与职责；
(4) 主要施工设备、HSE设施与用品；
(5) 危害识别与控制；
(6) 应急计划；
(7) 管理制度；
(8) 信息交流；
(9) 监测和整改；
(10) 审核与总结回顾。

437. HSE作业指导书有什么基本要求？

答：(1) 文体描述是否和HSE管理体系要求的法律法规格式一致；

(2) 内容是否符合中国石油"关于 HSE 作业指导书编写指南（试行）的通知"的文件要求；

(3) 是否清晰描述本单位的生产工艺过程或工序环节、危险点源分布、岗位构成和相互关系；

(4) 对岗位规范具备 HSE 规定的最低要求；

(5) 是否对所有作业和岗位操作、危险点源进行风险识别，准确把握住了风险削减和控制措施在施工中与岗位的接口关系；

(6) 记录和考核实际操作状况，体现全过程的持续改进的指导思想。

438. HSE 作业指导书有哪些基本内容？

答：(1) HSE 管理体系；

(2) 组织结构；

(3) HSE 岗位职责；

(4) 危险及控制；

(5) 记录与考核；

(6) HSE 作业指导卡。

439. HSE 作业指导书与 HSE 作业计划书有什么关系？

答：HSE 作业指导书与 HSE 作业计划书同属于 HSE 体系中程序文件层次。HSE 作业指导书是综合了常规和常见作业管理规定和岗位操作规程编写的作业文件。HSE 作业计划书主要是针对项目变化和满足新的要求而开发的作业文件，是对作业指导书的补充。作业方式相对固定项目，采用 HSE 作业指导书；作业方式多变（环境、任务）的项目，则应用作业计划书，两种书突出共同点，核心问题是风险评估与管理。

440．油气井硫化氢气体有哪些来源？

答：(1) 高温热作用于油层，使油层中原油所含的有机硫化物分解，产生 H_2S 气体；

(2) 原油中的烃类和有机物通过与储层水中的硫酸盐在高温条件下，热还原作用而产生 H_2S 气体；

(3) 下部地层中硫酸岩层里的 H_2S 气体进入井筒；

(4) 某些修井液处理剂在高温热分解作用下及修井液里的细菌作用下产生 H_2S 气体。

441．硫化氢浓度表示方法有哪两种？如何进行单位换算？

答：H_2S 浓度的表示方法有两种：体积比浓度单位 ppm（1ppm=1/1000000）和重量比浓度单位 mg/m^3。

它们之间的换算关系为：$1ppm=1.4414mg/m^3$。

442．什么叫阈限值？硫化氢的阈限值是多少？

答：阈限值就是几乎所有工作人员长期暴露都不会产生不利影响的某种有毒物质在空气中的最大浓度。硫化氢的阈限值 $15mg/m^3$（10ppm）。

443．什么是安全临界浓度？硫化氢的安全临界浓度是多少？

答：安全临界浓度是指工作人员在露天安全工作 8h 可接受的硫化氢最高浓度。硫化氢的安全临界浓度为 $30mg/m^3$（20ppm）。

444．什么是危险临界浓度？硫化氢的危险临界浓度是多少？

答：危险临界浓度是指达到此浓度时，对生命和健康会产生不可逆转的或延迟性的影响。硫化氢的危险临界浓度为 $150mg/m^3$（100ppm）。

445. 硫化氢有哪些物理化学性质？

答：（1）剧毒性：H_2S 的毒性仅次于氰化物，是一种致命的剧毒性气体，能引起隔神经瘫痪；

（2）无色：在常态下是透明的，若含水分子遇到冷空气为白色；

（3）有臭味：低浓度的硫化氢气体有臭鸡蛋味。浓度在 7～40.5mg/m³ 之间气味不大。H_2S 在低浓度 0.2～7mg/m³ 之间时，可以闻到臭鸡蛋味；

（4）使嗅觉神经瘫痪：当浓度高于 7mg/m³ 时，人的嗅觉迅速被钝化而闻不到臭鸡蛋味。此种情况是最危险的；

（5）比空气重：H_2S 的相对密度为 1.189，约比空气重 20%，它极容易聚集在低凹处；

（6）易爆易燃：当 H_2S 浓度在 4.3%～46% 时，它与空气形成的混合气体遇火就发生剧烈的爆炸；

（7）强腐蚀性：硫化氢是一种无色、剧毒、强酸性的气体，与水反应形成硫酸，在管材中易形成氢蚀致脆。

446. 硫化氢对人体的哪些部位会产生伤害？

答：H_2S 对人体伤害的部位主要是眼睛、喉道和呼吸道，它会使人的这些部位发生炎症与坏死。

447. 发现硫化氢泄漏能否用水和油浸湿的毛巾阻止硫化氢进入人体？

答：因为 H_2S 易溶于水和油，在 20℃、一个大气压条件下，1 体积的水可以溶解 2.9 体积的 H_2S 气体，故用水和油浸湿的毛巾并不能长久阻止硫化氢进入人体。

448. 硫化氢侵入人体的途径有哪些？

答：（1）通过呼吸道吸入；

（2）通过皮肤吸收；

(3) 通过消化道吸收。

449. 硫化氢对人体有哪些危害？

答：吸入高浓度[大于150mg/m³（100ppm）]的硫化氢气体会导致气喘，脸色苍白，肌肉痉挛；当硫化氢浓度大于1050mg/m³（700ppm）时，人很快失去知觉，几秒钟后就会窒息，呼吸系统和心脏停止工作，如果未及时抢救，会迅速死亡；而当硫化氢浓度大于3000mg/m³（2000ppm）时，人体只需吸一口硫化氢气体，就很难抢救而立即死亡。

450. 硫化氢对金属材料的腐蚀形式有哪些？

答：H_2S溶于水形成弱酸，对金属的腐蚀形式有电化学失重腐蚀、氢脆和硫化物应力腐蚀开裂，以后两者为主，一般统称为氢脆破坏。

451. 什么是氢脆？氢脆会造成哪些破坏？

答：氢脆就是化学腐蚀产生的氢原子，在结合成氢分子时体积增大，致使低强度钢和软钢发生氢鼓泡、高强度钢产生裂纹，使钢材变脆。

氢脆破坏往往造成井下管柱的突然断脱、地面管汇和仪表的爆破、井口装置的破坏，甚至发生严重的井喷失控或着火事故。

452. 什么是失重腐蚀？失重腐蚀会造成哪些破坏？

答：失重腐蚀实际上是硫化氢在有水的条件下在金属表面产生的电化学反应。

失重腐蚀使钢材产生蚀坑、斑点和大面积脱落，造成管材变薄、穿孔、强度减弱等现象，甚至造成破裂。

453. 硫化物应力腐蚀破裂有哪些特征？

答：(1) 断口平整，不存在塑性变形，像陶瓷断口；

(2) 主要发生在承受拉应力时，断口主裂纹与拉力方向垂直；

(3) 硫化氢应力腐蚀破裂多发生在设备使用不久，属于低应力下破裂；

(4) 硫化物应力腐蚀破裂往往是突然性断裂，没有任何先兆。

(5) 裂源多发生在应力集中点。

454. 影响硫化氢腐蚀的主要因素有哪些？

答：(1) H_2S 的浓度（或分压）。硫化氢浓度对钢材的腐蚀影响是很复杂的，H_2S 对钢材的失重腐蚀和硫化物应力腐蚀开裂的影响是不相同的。

(2) 温度。一般说来，化学反应速度随温度的升高而加快，随温度的降低而变慢，因此失重腐蚀是随温度升高而增加，随温度的下降而变缓。

(3) 溶液的 pH 值。pH 值降低（酸性增大），腐蚀加剧，pH < 6 时，硫化物腐蚀严重；pH 值 > 6 时，产生一般腐蚀。

(4) 细菌腐蚀。在细菌腐蚀中，危害最大的是硫酸盐还原菌和硫菌，80% 生产井的设备腐蚀都与硫酸盐还原菌有关。

455. 现场施工的硫化氢防腐方法是什么？

答：为制定防腐方案，必须调查分析 H_2S 腐蚀的原因，根据生产现场的具体情况，制定出安全可靠；切实可行，经济合理的防腐措施。目前国内外现场施工工程中采取的主要防腐方法是正确选用材料，提高修井液防腐性能，防腐涂层，套管的保护及强化科管理等，以避免恶性事故，降低施工成本，提高经济效益。

456. 硫化氢对非金属材料有哪些危害？

答：硫化氢对橡胶、浸油石墨、石棉等非金属材料制作的密封件有很大的危害，它们在 H_2S 环境中使用一定时间后，橡胶会产生鼓泡胀大、失去弹性，浸油石墨及石棉绳上的油会被溶解而导致密封件的失效。

457. 硫化氢对现场施工有哪些污染？

答：主要是对水基修井液、压井液和修井液有有较大的污染，会使修井液性能发生很大变化，如密度下降、pH值下降、黏度上升，以至形成流不动的冻胶，颜色变为瓦灰色、墨色或墨绿色。

458. 含硫化氢气体井的井场布置有何要求？

答：(1) 修井机设备的安装位置，应与盛行风的风向一致。井场周围要空旷，能让季节风畅通；

(2) 所有设备的安装必须留有空隙，以便空气流通，避免硫化氢在方井及周围积聚；

(3) 值班室、地质室、钻井液室应安放在井场盛行风的上风方向；

(4) 在上风方向较远处专门设置防护室，所有防护器具（如防毒面具、急救箱、担架等）应放在使用方便、清洁卫生的地方，并定期检查以保证这些器具处于良好的备用状态；

(5) 在井架上、井场盛行风入口处、安全保护区等地方应设置风向标。一旦发生紧急情况（如硫化氢含量超标），井场工作人员可向上风方向疏散；

(6) 在硫化氢易积聚的地方应安装固定式硫化氢探测仪探头及音响报警系统。在现场作业的人员应每人配备一便携式电子监测仪；

(7) 在可能聚集硫化氢的地方，要装有大的防爆风机，避免硫化氢聚集爆炸；

(8) 井场上一般设置 2～3 处安全保护区，一个在盛行风处（一般为生活区方向），另两个成 120°角分布；

(9) 修井工具应堆放在盛行风的上风处，修井液池要在下风位置；

(10) 放喷管线应装两条，放喷管线应使用专用标准管线，且采用法兰连接，不准焊接。接出井场的长度按 SY/T 6610—2006《含硫化氢油气井井下作业推荐作法》规定的执行，若风向改变时，至少有一条能安全使用；

(11) 压井管线至少有一条在季节风的上风方向，以便必要时放置其他设备（如压裂车等）作压井用；

(12) 井控设备（和管材）在安装、使用前应进行无损探伤；

(13) 测井车、射孔车等辅助设备和机动车辆，应远离井口，至少在 25m 以外；设备、照明器具的安装应符合有关规定，确保通信系统畅通。

459. 含硫化氢井井下作业如何进行安全操作？

答：(1) 对作业井进行风险评估，并制订应急预案；

(2) 在作业前，应对作业队进行一次防 H_2S 的安全培训，并进行防 H_2S 演习；

(3) 在高含硫地区作业时，以及发生井涌、井喷后，应启动应急预案；

(4) 严格按设计密度配制修井液。未经批准，不得修改设计密度。发现地层压力异常时，应及时调整修井密度以保持井内压力平衡；

(5) 做到及时发现溢流显示，迅速控制井口，并尽快调

整修井液密度压井；

(6) 利用除气器和除硫剂，将钻井液中 H_2S 的含量控制在 75mg/L 以下，并随时对修井液的 pH 值进行监测；

(7) 在油气层起管柱时，速度应适当控制；

(8) 在油气层和通过油气层进行下管柱作业时，必须进行短程起下管柱；

(9) 在 H_2S 含量超过安全临界浓度的污染区进行必要的作业时，必须配带防护器具，而且至少有两人同在一起工作，以便相互救护；

(10) 作业队在现有条件下不能实施井控作业而决定放喷点火时，点火人员应配带防护器具，并在上风方向，离火口距离不得小于 10m，用点火枪远程射击。

460．含硫化氢井井控设备的安装有什么要求？

答：(1) 根据地层和压力梯度配备相应压力等级的防喷器组合及井控管汇等设备，并按要求进行安装、固定和试压；

(2) 井口和套管的连接，每条防喷管线的高压区都不允许焊接；

(3) 放喷管线应装两条，其夹角为 90℃，并接出井场 100m 以外，若风向改变时，至少有一条能安全使用；

(4) 压井管汇（线）应安装在季节风的上风方向，以便必要时放置其他设备（如压裂车等）作压井用；

(5) 井控设备（和管线）在安装、使用前应进行无损探伤；

(6) 井控设备（和管线）及其配件在储运过程中，需要采取措施避免碰撞和被敲打，应注明钢级、严格分类保管，并带有产品合格证和说明书。

461. 井控设备对材质有什么要求？

答：(1) 钢材。

钢的屈服极限不大于 655MPa，硬度最大为 HRC22。若需使用屈服极限和硬度比上述要求高的钢材，必须经适当的热处理（如调质、固溶处理等），并在含 H_2S 介质的环境中试验，证实其具有抗 H_2S 应力腐蚀开裂的性能后，方可采用。

(2) 非金属材料。

凡密封件选用的非金属材料，应具有在 H_2S 环境中能长期使用而不失效的性能。

462. 含硫油气田油、套管及管柱有哪些防腐蚀措施？

答：(1) 选用防硫管材和使用缓蚀剂。

一般地讲，低屈服强度（小于 527.8MPa）的油、套管比中、高屈服强度（大于 563MPa）的油、套管更适宜于在硫化氢环境中使用；

(2) 井内反循环加入缓蚀剂。

借助于缓蚀剂分子在金属表面形成保护膜，隔绝 H_2S 与钢材的接触，使之能减缓、抑制钢材的电化学腐蚀作用，以延长管材和设备寿命。

463. 现场施工液体中的防腐剂有哪些？

答：现场施工液体中的防腐剂通常爱用的有缓蚀剂，除硫剂，除氧剂，灭菌剂等。

464. 常用的缓蚀剂有哪些？有什么特点？

答：常用缓蚀剂有：康多尔、PA23 等。

缓蚀剂具有使用方便，效果显著用量少，经济等优点，缺点是不能除去现场施工中的腐蚀源。

465. 含硫油气田作业的人身防护及施工安全应注意哪些事项?

答:(1) 在作业区和生活区设 H_2S 探测、报警系统;

(2) 井场每个工作人员均应配备和使用防毒面具,并放置于每个人易取到的地方;

(3) 在油气区和生活区安装有风向标,要求风向标安装在人员容易看到的地方;

(4) 在油气区安装有防爆风机,以便驱散聚集 H_2S;

(5) 配备有处置因 H_2S 中毒用的药品和氧气瓶等;

(6) 作业区空气中 H_2S 浓度超过 $15mg/m^3$ 时,要有"硫化氢"字样的标牌和长方形红色的标志;

(7) 作业所用设备(井口、管道、分离器、泵等设备)具有抗硫性能。

466. 硫化氢防护演习对人员和时间有什么要求?

答:现场施工人员(包括修井、试油、修井液、气测等人员)应取得硫化氢防护技术培训合格证。

在打开含硫地层时,应对井场人员(包括新换班上井人员)进行防硫化氢安全教育和演练(包括佩戴防毒面具进行井控作业及人员救护等),并向当班的各岗位人员发出警告信号。在打开油气层前的检查验收中,应有防硫化氢措施落实情况的检查。

为了使井场上的所有作业人员都能高效地应付 H_2S 紧急情况,应当每天进行一次 H_2S 防护演习。若所有人员的演习都令人满意了,该防护演习可放宽到每星期一次。

467. 在硫化氢防护演习中,当报警器发出警报时,应采取哪些步骤?

答:(1) 所有必要人员都要戴上呼吸器,井队的健康、安全与环境监督应检查管道空气系统上的呼吸空气供应阀,作业人员应按应急计划采取必要的措施;

(2) 平台上的鼓风机工况良好,并且所有明火都应熄灭;

(3) 保证至少两人在一起工作,防止任何人单独出入 H_2S 污染区;

(4) 如果有不必要的人员在井场,他们须戴上呼吸器离开现场;

(5) 封锁井场大门,并派人巡逻。在大门口插上红旗,警告钻机附近有极度危险。

468. 硫化氢的检测方法有哪些?

答:(1) 用化学方法:

①醋酸铅试纸法;

②安培瓶法;

③抽样检测管法。

(2) 用电子探测仪。

469. 硫化氢检测仪表有哪些?

答:硫化氢监测仪可分为固定式和携带式两种。

470. 固定式硫化氢监测仪有何优点?

答:固定式硫化氢监测仪主要用于现场需要24h连续监测硫化氢浓度时,探头数可以根据现场气样测定点的数量来确定。监测仪探头置于现场硫化氢易泄漏区域,主机可安装在远离现场的控制室。

471. 携带式硫化氢监测仪有何优点？

答：携带式硫化氢监测仪用于作业人员在危险场所工作时，监测工作区域内硫化氢的浓度变化情况。

472. 常见的便携式硫化氢检测仪有哪些型号？

答：常见的型号有：ToxiRAE Ⅱ Lite 型、M40 型。

473. ToxiRAE Ⅱ Lite 型硫化氢检测仪有何特点？

答：ToxiRAE Ⅱ Lite 型有毒、有害气体报警仪采用电化学气体检测传感器检测有毒气体智能化设计。外形设计新颖，简单，坚固可靠，采用一次性锂电池，可连续工作 8 个月以上，电池更换方便。

474. M40 型便携式多气体检测仪有何特点？

答：M40 是一款便携式多气体检测仪，它能同时连续检测 4 种气体：O_2、LEL（可燃可爆气体）、CO、H_2S。每种气体浓度的读数都会显示在液晶显示屏（LCD）上。仪器提供用户可自行设置的低浓度/高浓度报警，及 STEI/TWA 报警功能。它能以声、光及振动报警提醒用户。

475. 硫化氢监测仪使用前应对哪些主要参数进行测试？

答：(1) 满量程响应时间；

(2) 报警响应时间；

(3) 报警精度。

476. 对硫化氢监测仪的校验周期有何规定？

答：硫化氢监测仪使用过程中要定期校验。固定式硫化氢监测仪一年校验一次，携带式硫化氢监测仪半年校验一次。校验应由国家法定计量部门进行。

477. 固定式硫化氢监测仪使用应注意哪些事项？

答：(1) 在连接开关量输出时，接线要牢固，不要与后面板短路；

(2) 仪器参数设置必须在关机的情况下进行；

(3) 本仪器在正常工作情况下，当传感器线路出现故障时，仪器故障指示灯亮，并会有不同的显示；

(4) 供气装置的空气压缩机应置于上风侧；

(5) 重点监测区应设置醒目的标志、硫化氢监测探头、报警器及排风扇；

(6) 进入重点监测区作业时，应配带硫化氢监测仪和正压式空气呼吸器，至少两人同行；

(7) 当硫化氢浓度持续上升无法控制时，进入紧急状态，立即疏散无关人员并实施应急方案。

478. 硫化氢监测仪报警浓度是怎样设置的？

答：(1) 当空气中硫化氢含量超过阈限值时含量 [15mg/m³ (10ppm)]，达到此浓度时启动报警，提示现场作业人员硫化氢的浓度超过阈限值，并在作业现场挂绿旗。

(2) 第二级报警值应设置在安全临界浓度 [硫化氢含量 30mg/m³ (20ppm)]，达到此浓度时，现场作业人员应佩戴正压式空气呼吸器，控制硫化氢泄漏。并在作业现场挂黄旗。

(3) 第三级报警值应设置在危险临界浓度 [硫化氢含量 150mg/m³ (100ppm)]，报警信号应与二级报警信号有明显区别，警示立即组织现场人员撤离，并在作业现场挂红旗。

479. 常见的正压式空气呼吸器有哪些？

答：常见的正压式空气呼吸器有：PA94Plus 型、巴固 C900-SCBA 型。

480. PA94Plus型正压式空气呼吸器有何使用特点？

答：该空气呼吸器为两级压缩式，能为使用者在受污染的或缺氧的气体环境中提供呼吸防护。

481. PA94Plus型正压式空气呼吸器的结构主要由哪些部分组成？

答：主要组成有：碳复合（防静电）背板、耐高温背负装置、凸轮锁紧可调气瓶带、减压阀和吸气阀气体系统，如图3-1所示。

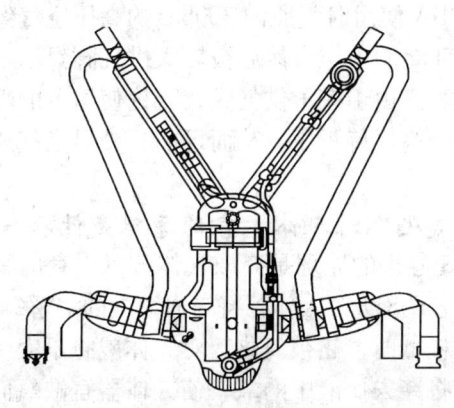

图3-1　PA94Plus型正压式空气呼吸器

482. PA94Plus型正压式空气呼吸器的工作原理是什么？

答：它是以压缩空气为供气源，压缩空气由空气瓶经高压快速接头流入减压器，减压器将输入压力转为腔压后经腔压快速接头输入自动肺。当人吸气时自动肺阀门开启，将压缩空气以较大的流量吸入人的肺部，当呼气时自动肺停止工作，呼出气体经面具排气。

483. 巴固 C900-SCBA 型正压式空气呼吸器有何使用特点？

答：它可供使用者在有瓦斯气、有毒颗粒和悬浮颗粒的空气、缺氧环境（氧气含量低于17%）和火灾烟雾等有毒环境中使用，避免使用者的生命受到危害。可保护使用者的呼吸系统和面部。

484. 巴固 C900-SCBA 型正压式空气呼吸器的工作原理是什么？

答：SCBA 使用时气瓶内 300bar 的高压空气经减压阀第一次降到 7.5bar 的中压，然后被输入供气阀经第二次减压进入面罩供呼吸。由于有了供气阀，无论使用者的呼吸频率如何，面罩内始终保持正压。从而可防止外界空气或杂质进入面罩内。

485. 硫化氢对人体危害的原理是什么？

答：H_2S 危害的原理是夺取人体赖以生存的物质—血液里的溶解氧。H_2S 进入人体，将与血液中的溶解氧发生反应。当 H_2S 浓度极低时，它被氧化，对人体威胁不大。而 H_2S 浓度较高时，将夺去血液中的氧，使人体器官缺氧而中毒，甚至死亡。

486. 硫化氢中毒有哪些类型？

答：硫化氢中毒有急性中毒和慢性中毒两种类型。

487. 什么是硫化氢急性中毒？有何症状？

答：吸入高浓度（大于 100ppm）的硫化氢气体会导致气喘，脸色苍白，肌肉痉挛。当硫化氢浓度大于 700ppm 时，人很快失去知觉，几秒钟后就会窒息，呼吸系统和心脏停止工作，若不及时抢救，会迅速死亡；而当硫化氢浓度大于

3000mg/m³（2000ppm）时，人体只需吸一口硫化氢气体，就很难抢救而立即死亡。

488．什么是硫化氢慢性中毒？有何症状？

答：人体长期暴露在低浓度硫化氢（如 50 ~ 100ppm）环境下，将会慢性中毒，症状是：头疼、恶心、晕眩、兴奋、口干、昏睡，眼睛感到剧痛，连续咳嗽、胸闷或皮肤过敏等。

489．硫化氢中毒的一般护理知识有哪些？

答：（1）当呼吸和心跳恢复后，可给中毒者饮些兴奋性饮料和浓茶、咖啡，并专人护理。

（2）如眼睛轻度损伤，可用于净水清洗或冷敷。

（3）那怕轻微中毒，也要休息两天，不得再度受 H_2S 的伤害。因为被 H_2S 伤害过的人，对 H_2S 的抵抗力变得更低了。

490．什么是硫化氢中毒的早期抢救？

答：早期抢救是指专业医护人员到达之前，其他人员采取的救治措施和过程。早期抢救决定了中毒者是否能够起死回生。

491．硫化氢中毒早期抢救措施有哪些？

答：（1）进入毒气区抢救中毒人员之前，自己应先戴上防毒面具，否则，自己也会成为中毒者；

（2）立即把中毒者从硫化氢分布的现场抬到空气新鲜的地方；

（3）如果中毒者已经停止呼吸和心跳，应立即进行心肺复苏的抢救，直至呼吸和心跳恢复或者医生到达；

（4）如果中毒者没有停止呼吸，保持中毒者处于休息状态，有条件的可给予输氧。

492. 硫化氢中毒的早期护理应注意哪些事项?

答:(1)在若中毒者已经被转移到空气新鲜区域且恢复了正常呼吸,可以认为中毒者恢复正常,但须继续护理;

(2)当中毒者心跳和呼吸完全恢复后,可给中毒者喂些有兴奋作用的饮料,且有专人护理;

(3)如果眼睛受到伤害,可先用清水清洗,然后作冷敷护理;

(4)轻微中毒者,如果经短暂休息恢复正常后,应留在医院进行医疗监护休息 1~2d,经医生检查同意方可恢复工作;

(5)每个从事作业的人员,都要进行硫化氢强制培训,掌握心肺复苏法并定期演习。

493. 预防硫化氢中毒有哪些措施?

答:主要预防措施包括:

(1)对员工进行硫化氢防护的技术培训,了解硫化氢的理化性质、中毒机理、主要危害和防护挤现场急救方法,提高员工对硫化氢溢出的危害的认识防护能力;

(2)在可能产生硫化氢的场所设立防硫化氢中毒的警示标志和风向标,作业员工尽可能在上风口位置作业;

(3)在井场配备硫化氢自动监测报警器,或作业人员配备携便式硫化氢监测仪,并保证报警器和监测仪灵敏可靠;

(4)在可能产生硫化氢场所工作的员工每人应配备正压式空气呼吸器,并保证有效使用;

(5)在有可能产生硫化氢场所工作业时,应有人监护;一旦发生硫化氢急性中毒,立即实施救护;

(6)必须对井场 2km 以内的居民住宅、学校、厂矿等情况进行调查,并告之可能会遇到硫化氢溢出的危害,当这种危害发生时,应有可行的通信联系方法,通知上述人员迅速撤离。

494. 什么是心肺复苏技术?

答:是指采用人工方法帮助病人恢复心跳和呼吸,最后使病人恢复自主呼吸功能的一种急救技术。

心肺脑复苏也称为 CPR。

495. 心搏骤停有什么严重后果?

答:心搏骤停的严重后果是以秒来计算的:

10s——意识丧失,突然倒地;

30s——全身抽搐;

60s——自组呼吸逐渐停止;

3min——开始出现脑水肿;

6min——开时出现脑细胞死亡;

8min——出现"脑死亡"、"植物状态"。

所以在八分钟前抢救称为"黄金八分钟"。

496. 心肺复苏成功率与开始心肺复苏的时间有何关系?

答:心肺复苏成功率与开始心肺复苏的时间有密切的关系,如表3-1所示。

表3-1 心肺复苏成功率与开始心肺复苏的时间之间的关系

心肺复苏的开始时间	心肺复苏的成功率
1min 内	>90%
4min 内	>60%
6min 内	>40%
8min 内	>20%
10min 内	0

497. 开放气道解除梗阻的方法有哪些？

答：(1) 头后仰—下颌上提法；

(2) 头后仰—抬颈法；

(3) 下颌前提法。

498. 怎样判断中毒者心搏呼吸骤停？

答：判断方法如下：要求在 10s 内完成。

(1) 突然倒地和（或）意识丧失；

(2) 自主呼吸停止；

(3) 颈动脉波动消失。

499. 怎样判断中毒者意识丧失？

答：拍打双肩，凑近耳朵大声呼喊："喂，你怎么啦？"若认识对方，可直呼其名；若呼唤无反应，可掐人中穴；若均无反应，可判断为意识丧失。

参考文献

【1】王华.井控装置实用手册.北京:石油工业出版社,2009,12.

【2】《石油天然气井下作业井控》编写组.石油天然气井下作业井控.北京:石油工业出版社,2011,10.

【3】《石油天然气钻井井控》编写组.石油天然气钻井井控.北京:石油工业出版社,2011,10.

【4】孙孝真.实用井控手册——现场井控装置隐患辨识及对策(图文本).北京:石油工业出版社,2011,3.

【5】颜廷杰.实用井控技术.北京:石油工业出版社,2010,11.

【6】王林.井下作业井控技术.北京:石油工业出版社,2009,10.

【7】华北石油管理局井控技术培训中心.井下作业井控技术.北京:石油工业出版社,2008,10.

【8】李强,高碧桦,杨开雄,王勇.钻井作业硫化氢防护.北京:石油工业出版社,2009,7.

【9】李俊荣.含硫油气田硫化氢防护系列标准宣贯教材.北京:石油工业出版社,2009,3.